基礎篇

策略精論

感謝您購買旗標書,
記得到旗標網站
www.flag.com.tw
更多的加值內容等著您…

- FB 官方粉絲專頁:旗標知識講堂
- 旗標「線上購買」專區:您不用出門就可選購旗標書!
- 如您對本書內容有不明瞭或建議改進之處, 請連上旗標網站, 點選首頁的 聯絡我們 專區。

若需線上即時詢問問題,可點選旗標官方粉絲專頁留言詢問, 小編客服隨時待命, 盡速回覆。

若是寄信聯絡旗標客服emaill, 我們收到您的訊息後, 將由專業客服人員為您解答。

我們所提供的售後服務範圍僅限於書籍本身或內容表達不清楚的地方, 至於軟硬體的問題, 請直接連絡廠商。

學生團體　訂購專線:(02)2396-3257 轉 362
　　　　　傳真專線:(02)2321-2545

經銷商　　服務專線:(02)2396-3257 轉 331
　　　　　將派專人拜訪
　　　　　傳真專線:(02)2321-2545

國家圖書館出版品預行編目資料

策略精論・基礎篇 / 湯明哲 著.
-- 臺北市 : 旗標, 2011.06　面 ;　公分

ISBN 978-957-442-953-0(平裝)

1. 策略管理 2. 企業管理

494.1　　100008327

作　　者／湯明哲
發 行 所／旗標科技股份有限公司
　　　　台北市杭州南路一段15-1號19樓
電　　話／(02)2396-3257(代表號)
傳　　真／(02)2321-2545
劃撥帳號／1332727-9
帳　　戶／旗標科技股份有限公司
監　　督／孫立德
執行企劃／李依蒔
執行編輯／李依蒔
美術編輯／薛榮貴・薛詩盈
封面照片攝影人／楊文財
封面設計／古鴻杰
校　　對／湯明哲・黃明璋・李依蒔

新台幣售價:350 元
西元 2021 年 5 月 初版 12 刷
行政院新聞局核准登記-局版台業字第 4512 號
ISBN　978-957-442-953-0

關於作者

湯明哲教授為美國麻省理工史隆學院（MIT Sloan School）管理博士，專攻策略管理。

曾任教於美國伊利諾大學香檳校區（University of Illinois at Urbana-Champaign）（1985年～1995年），並於1991年獲終身教職（tenure）。1994年任教香港科技大學，於1995年返國擔任長庚管理學院工管系系主任，1996年轉赴台大國企系任教並擔任台大管理學院EMBA第一任執行長。目前擔任台灣大學副校長及聯發科技獨立董事。

湯教授的研究專長為

（1）產業分析，尤見長於競爭之科技創新

（2）進入國際市場之策略

（3）科技與策略之互動

（4）銀行業之資訊不對稱性與道德危險等問題。

曾數度獲選為伊利諾大學及台灣大學優良教師，在教授高階主管課程及擔任企業顧問上，有十分豐富的經驗，並曾接受邀請赴南京、上海、武漢、廣州、北京等地講學。

前言

「廟算者贏」的孫子兵法

湯明哲

夫未戰而廟算勝者得算多也，未戰而廟算不勝者，得算少也，多算勝，少算不勝，而況于無算乎！

——《孫子兵法》，計篇

正如同於《孫子兵法》的「算」，企業策略管理的目的在於創造企業贏的環境及作為，如果企業沒有「廟算」，而只知抱頭往前衝，就如同軍隊，只會打仗不會謀略，可說是有勇無謀。

企業要贏，並在短期中能夠在產業中立足，其策略能符合競爭環境的要求，創造短期競爭優勢，這正是造就一代霸主的關鍵。例如網路的興起造就達康（.com）公司如雨後春筍般的設立，但由於營運模式（business model）和網路產業的競爭生態（business landscape）

多不相合，因此成功者幾希，電子海灣拍賣網站（eBay）、亞馬遜（Amazon.com）、雅虎（Yahoo!）則是少數成功案例。即使短期僥倖有所成就，但是，短期的競爭優勢並不保證長期的成功。

長期而言，企業的興衰與策略的正確與否息息相關，歷史上的案例比比皆是。曾被《財星》雜誌（Fortune）評為「全球管理最佳公司」之一的通用汽車，在60年代稱霸全球，不可一世，然而在70及80年代，它卻被日本汽車公司在全球市場上打得節節敗退。藍色巨人IBM稱霸電腦業三十年，卻因個人電腦的策略錯誤，股價一落千丈，到90年代末期才起死回生。王安電腦曾是文字處理機（word processor）的巨擘，也曾是全世界最大的華人公司，但在面對個人電腦的競爭時，卻選擇強化文字處理機的功能，始終未正面迎戰功能類似的個人電腦，落得公司業已破產，關門大吉的命運。當年顯赫一時的泛美、TWA航空公司，也在美國航空業開放競爭十年後，宣布倒閉。

反觀國內，近年來企業的競爭也隨外商及新企業的進入日趨激烈，在《天下》五百大企業中，十年內就有兩百大被淘汰在五百大之外。歷史的殷鑑告訴我們，企業要長治久安，長期策略不但要能配合經營環境的變化，更要能創造持久的競爭優勢，才能維持既有的領導地位，因應後起之秀的挑戰。

中國人常說「賺錢是一運二命三風水四積德五讀書」，企業的成敗興衰固然可委諸於運氣，但企業不可能長期受到好運的眷顧或壞運的打擊，「運氣」更不是企業經營的支柱，策略的正確與否才是企業長期興衰之所繫。

策略，企業最高指導原則

企業策略的目的在於戰勝對手，創造公司長期良好的績效。「統合」（integration）是策略的首要特色。企業為了要戰勝對手，必須配合企業決策環環相扣的特性，將企業資源做合理化的運用與分配；人力、財務、行銷、生產、研發等各單一管理功能的努力均需指向同一目標，才能統合成一體的策略。策略正是統合企業內相關資源之整體性的指導原則，絕非行銷、生產、人事、財務等各行其是的片面做法。換言之，「策略」就是企業行為的最高指導原則，這和反應管理、走動管理、目視管理均有極大的分野。事實上，反應管理、走動管理、目視管理均是局部、片面的企業經營方式，和策略管理不啻千里之別。

走動管理與反應管理

企業管理在萌芽初期，工廠不大，經理人員只要在工廠內走動，靠著目視，對員工表現即可一目瞭然，然後在巡視當時，問幾個關鍵問題，進一步要求員工工作更努力，表現更好，或者提出自己的改善方案，交代屬下執行，是為「走動管理」。

在穩定的環境中，工廠生產一成不變的產品，走動管理或可激勵士氣，拉近管理者與員工的距離。但隨著企業成長與擴張，走動的範圍愈來愈有限，無法以目視進行管理，因此必須運用制度，讓專業經理人藉由制度的運作，發揮管理的功能。

「反應管理」是指企業針對企業某些活動進行局部的因應與改善，例如外界批評新產品不夠多，企業即加強研發，推出新產品；銷售人員工程知識不夠，即雇用工程師擔任銷售；產品價格太高，即降低價格，這種好似「頭痛醫頭，腳痛醫腳」的做法。然而企業卻沒有意識到，同時推出新產品、降價、工程銷售等這一連串的動作，勢必會增加成本、降低利潤。而且各項措施的關聯性高，牽一髮而動全身，雖只是局部的措施，也會影響到其他部門的運作，反應管理反而是沒有策略的管理。

從管理程序學派（Management Process）的觀點，策略管理強調的是在「管理面」，是一套實踐策略的程序，這個程序包含「策略的形成」（strategy formulation）和「策略的執行」（strategy implementation）。策略的形成指的是策略的內容，例如，如何創造和競爭者間的差異、多角化的方向、以成本為主或以品質為主的競爭策略等。策略的執行則探討如何以文化、組織結構和控制系統作為實現策略的工具。

本書即基於此一理念，首先介紹如何形成策略。而策略又可分為三個階層：公司集團策略（corporate strategy）、競爭策略（business strategy），以及部門策略（functional strategy）。公司集團策略包括多角化策略及垂直整合策略。競爭策略的要點在於如何建構和維持競爭優勢，又分為短期競爭策略及長期競爭策略。部門策略是關於行銷、生產、人事等策略，並不在本書的討論範圍之內。從策略形成的觀點，本書將先解析競爭策略的形成，再論及公司集團策略的架構。

策略形成後，必須透過文化、組織的建構及控制系統來執行。例如台塑低成本的策略就需要靠嚴密的管理制度和強有力的幕僚來執行，方能竟全功，因此本書稍後將探討策略執行上的問題，焦點在於如何設計組織、誘因結構來配合策略的執行。

由於本書內容甚多，將分為兩冊。第一冊《基礎篇》探討形成策略的基本概念，包括策略的定位、差異化策略、產業分析、進入阻絕策略、競爭優勢分析等。讀完第一冊，對於掌握策略方向會有進一步的了解，至少知道策略思考需要哪些資料。第二冊《進階篇》則深入介紹更複雜的策略，需要比較嚴密的分析，內容包括如何利用賽局理論進行策略分析、定價策略、購併策略、垂直整合策略、國際化策略、技術策略，以及知識管理。本書的結構如第XI頁圖所示。

本書是為企業界人士所設計，理論部分儘量以個案方式說明，讀者在讀此書時，一定要記得企業決策環環相扣，要有耐性讀完全書，對策略決策有全面的概念，再付諸實行。

也許有人認為策略是老闆的事，員工不必知道，事實上，員工應該了解公司的策略，才能將自己的生涯規劃和公司未來發展策略互相配合，中階主管也必須了解公司策略形成的背景和邏輯，才能在執行上更有效率，更何況在分權的潮流下，各級經理做策略型決策的機會愈來愈多，「策略管理」已是必備的知識。

本書得以寫成首先要感謝我的家人，他們的支持是完成本書最大的動力；其次，我要感謝已過世的指導教授Zenon Zannetos，沒有他的耐心和指導，我是不可能完成MIT的博士學位；我也要感謝許士軍教授與司徒達賢教授，兩位老師帶領我進入企業政策的領域，成為我一生欣喜的課業。除此之外，我也要感謝過去二十五年來在美國伊利諾大學香檳校區、香港科技大學、長庚大學和台灣大學的學生，對於我上課的內容多所指正，他們常常提出尖銳的問題，使得本書內容得以改進；當然，本書所有的錯誤仍由本人負全責，並歡迎各界的回應與指正。讀者可以透過本人的電子郵件信箱（ibtang@ntu.edu.tw）與我連絡。

(本文為作者序，湯明哲，美國麻省理工史隆學院（MIT Sloan School）管理博士)

《策略精論》內容結構圖

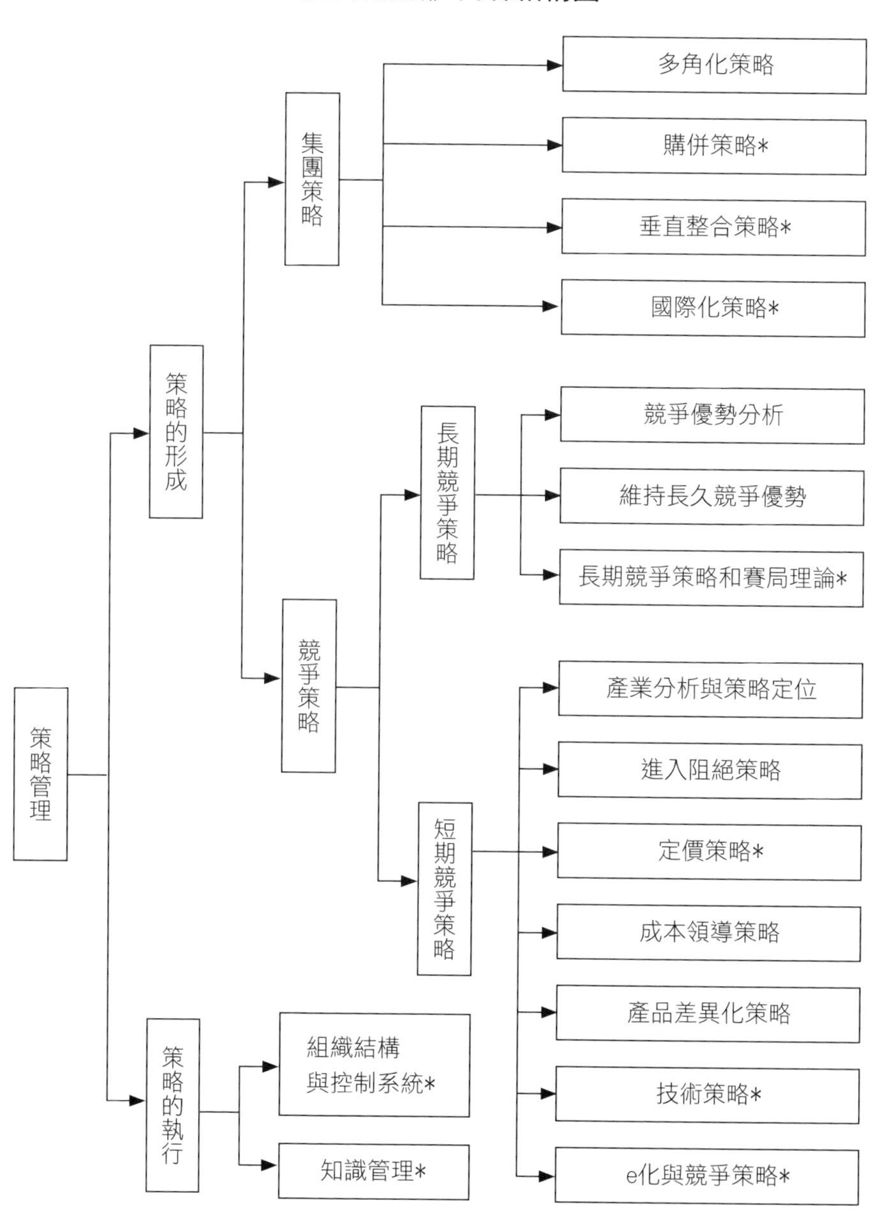

註：打「*」者將在第二冊——《策略精論：進階篇》做深入探討。

目 錄

第三章 競爭生態與產業分析

第四章 組織能力與競爭優勢

第五章 維持競爭優勢

第六章 競爭態勢

第七章 公司集團的策略：多角化

策略精論

基礎篇

第一章

策略的基本概念

一. 策略管理與決策體系

二. 策略的特質

三. 策略的階層

四. 策略為什麼需要管理?

五. 策略的分析架構

六. 策略規劃的優劣點

七. 策略與口號管理

八. 結論

＊ IBM個人電腦快老二策略評估

＊ 策略創新

故上兵伐謀，其次伐兵，其下攻城。

——《孫子兵法》，謀攻篇

一、策略管理與決策體系

企業經營如同長程的帆船競賽，目標非常清楚：贏！要達到這個目標，一方面要應付環境中複雜多變的海象，看風往哪方向吹，浪往哪方向打，一方面要應付競爭者在海面上的競爭，還要協調內部駕駛團隊共同努力以打敗競爭者，要同時應付環境的變化，競爭者的競爭和內部團隊的協調，需要策略來擬定航行方向，應付競爭者和海象的變化，這是由「外」而內形成的策略。

由「內」而外形成的策略則側重企業決策的主從架構，因為企業決策自然形成上下階級分明的決策體系（decision hierarchy），如圖1-1所示，所以企業需要高層的策略來統合企業各功能部門資源的運用。在策略體系中，高層次的策略主導低層次的決策。企業的最高指導原則當然是企業的目標和企業主的管理哲學。企業目標不外乎是成長與獲利，而獲利又為成長所必需，因此企業的目標基本上可說是在訊息的不完全及各種環境限制之下追求長期利潤（profit seeking）。管理哲學係指企業主在經營上的基本信念，有的企業主認為，使用高壓的手段才榨得出績效；有人認為，禮賢下士才能發揮團隊合作的精神。有的認為要激烈競爭消滅競爭者；但有的認為要和競爭者共同創造產業更大的利潤空間。企業主的基本信念形成公司文化，也主導了企業策略的形成。

上兵伐謀，謀就是策略。

圖 1-1 管理決策體系

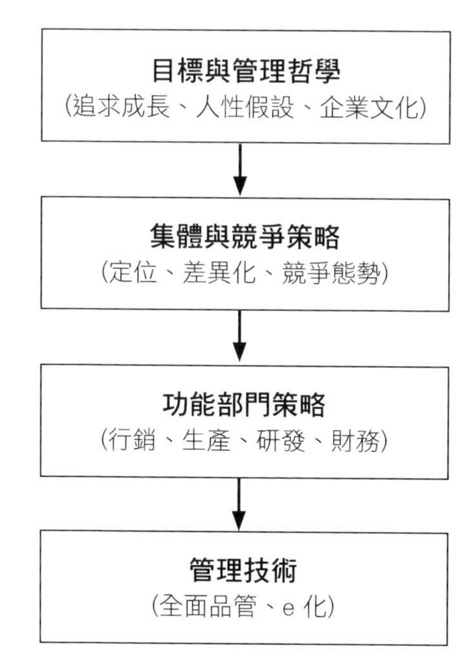

在追求長期利潤目標的主導下，所謂策略依組織層級的不同，分為三種策略，對於多角化的公司，要注重的是公司集團策略（corporate level strategy），主要在於決定集團中產業的組合（portfolio），要進入哪些產業、退出哪些產業。然後，多角化公司對位於不同產業的事業部，設立不同的策略目標，有些事業部的策略目標是追求最高成長；有些是創造營收；有些是擠壓出現金流量。

競爭策略又分為大策略、小策略。

對於單一產業的公司，要專注的是企業競爭策略（business level strategy），包含公司的定位；差異化的構建；如何維持持久的競爭優勢（sustainable competitive advantage）；對於競爭者是否要擺出激烈競爭的態勢？等等。企業競爭策略又有大策略和小策略；大策略就是決定企業定位和長期發展方向的策略，這是「伐謀」；和競爭者的競爭戰術，例如降價、擴廠是小策略，這就是「伐兵」。

決定了各事業的競爭策略後，再進而據以擬定旗下各生產；行銷、財務、研發等部門的策略，而各部門的策略隨後決定如何執行或採用何種管理技術。各部門的策略，主要就是擬定行銷、生產及財務政策，例如如何做廣告、怎麼做促銷或生產方式的選擇等，這些就是「攻城」的手段。而如品管圈、彈性生產制度等，都屬於管理技術的範疇。

企業決策環環相扣。

有學者認為，策略就是品管圈、授權、如何做好現金流量管理或彈性生產制度等，這並不正確，這些管理實務充其量只是管理技術而已，與企業的策略並不相同。但若透過品管圈將品管的概念灌輸到員工的工作態度上，就不只是管理技術，而成為企業文化的一部分。成為企業文化，就可指導策略的形成。

我們在企業決策體系當中可以發現，高層次決策主導或決定了低層次的決策，也可以看出策略就是在決策體系中最高層次的決策。換句話說，企業的策略決定了下面一層的目標，由這個目標又決定了更下一層的決策。所以一個企業的決策體系就由層層相連、環環相扣的「目標－手段的體系」（means-ends chain），以達到企業的最後目標，即如《孫子兵法》中所言「伐謀→伐兵→攻城」的層次。且由於企業策略環環相扣的特質，企業在訂定策略時更需做全盤的考量，使其能成為企業的最高指導原則。

舉例來說，如果廠商的大策略是獲取市場占有率，為了達到此目標，它有三個小策略：

（1）低價策略；

（2）廣大的分配通路；

（3）大量的促銷活動。

如果要降低價格，廠商必須決定下一層的策略，較低的價格需要較低的成本來支持，因此要降低價格勢必要降低成本。而降低成本基本上可從四個方向著手：

（1）運用現代化、新的設備來降低成本；

（2）產品標準化，讓每一個產品都可以利用機器設備生產；

（3）減少產品的形式，多用共同的零組件；

（4）移到低成本的地區生產。

根據這四個方向來執行，就可以降低成本，從而降低價格，達到增加市場占有率的企業目標。所以一個針對市場占有率的目標，就決定了下面各級的策略：低廉的價格、廣大的通路及更多的促銷廣告，這三個策略實際上是受到一個基本策略（generic strategy）的影響，這基本策略就是所謂「成本領導策略」（cost leadership）。在本書第四章會討論成本領導策略的利弊。

第二個例子就是「快老二策略」（fast second mover）。IBM在1981年決定進入個人電腦市場，這是一個解釋管理決策階層的典範。

自從蘋果電腦（Apple）進入個人電腦業之後，銷路持續升高，面對個人電腦的興起，IBM必須決定是否要進入個人電腦產業。當時(1980年)個人電腦產業的總產值只有10億美金，而當年IBM的銷售額是350億美金。對於IBM而言，當時似乎是不值得投資進入個人電腦市場，但如果不進入個人電腦市場，由於電腦使用者日後轉換成本高，一旦消費者習慣蘋果電腦後，蘋果電腦勢必掌握全部個人電腦的市場；但如果IBM要進入個人電腦產業，它應該選擇哪一種進入策略？

最後，IBM決定進入個人電腦產業。由於電腦的使用者有較高的轉換成本，且IBM是後來才進入個人電腦市場的公司，IBM必須在蘋果電腦攫取大部分市場之前，先行吸引顧客。為了達到此策略的目的，IBM採取了「快老二策略」，以快速進入市場、追求市場占有率為進入策略的最高指導原則，以免潛在消費者為蘋果電腦所攫獲。這是大策略。

為了達到「快速進入」的目的，IBM採取4個小策略的戰術：

（1）**廣告策略**：以大量廣告向消費者訴求，積極推銷個人電腦，代表IBM個人電腦的小丑齊柏林（Chaplin）在市場上舉目可見。

（2）**外包策略**：低度的垂直整合，IBM只管設計及裝配，幾乎所有的零件都向外購買，最大的原因在於可以不用浪費時間做研發，設立新廠房。例如IBM向微軟（Microsoft）購買DOS作業系統，由英特爾（Intel）供應微處理器，以減少IBM自行研發設廠的時間。

（3）**廣大的經銷網**：IBM最主要的目標就是快速進攻企業用戶市場。因為IBM在大型電腦市場中早已占領一席之地，而大型電腦多為企業用戶，IBM利用此一既有優勢，推出的個人電腦是以攻佔企業用戶市場為目標，而蘋果電腦當初主攻的是教育市場。IBM利用其本身優勢來獲取企業用戶市場占有率。

（4）**開放系統設計**：對消費者而言，只有電腦硬體並無法發揮功用，IBM為了要促銷個人電腦必須要有充足的應用軟體配合，而軟體開發所費不貲，也相當耗時，因此要快速進入市場，必須靠其他軟體廠商幫IBM發展軟體，所以IBM將技術規格及系統公布，讓軟體商參考發展軟體，這是所謂的開放系統設計（open system design）。（反觀蘋果電腦採取的是封閉系統，因此種下敗因。）

換句話說，IBM的快老二策略就決定了它的行銷策略、產品策略、垂直整合策略，和產品設計上的策略。

正由於快老二策略奏效，IBM在不到一年的時間內就推出個人電腦，更因眾多軟體的配合，IBM在兩年內就取得了個人電腦三分之二的市場。IBM的快老二策略到底好不好？請見「IBM個人電腦快老二策略評估」。

IBM個人電腦快老二策略評估

IBM雖然在短期內奪取了三分之二的個人電腦市場，長期而言，快老二策略卻對IBM造成幾乎毀滅性的影響。

首先，外包和開放系統策略無法形成IBM的長久競爭優勢，其他公司亦可向英特爾購買微處理器，向微軟購買作業系統，生產IBM相容（IBM compatible）電腦，造成IBM相容電腦的風行，唯一差異在於有沒有掛上IBM的品牌罷了，因此快老二策略的第一個敗筆是「**沒有模仿障礙**」。

毫無差異化，正創造了競爭者崛起的機會。但從台灣廠商的觀點來看，正因為IBM的美麗錯誤，造就台灣電腦廠商崛起，台灣廠商隨後再進行上下游整合，造成台灣資訊業的蓬勃發展。如果IBM當年像蘋果電腦一樣，採取封閉系統設計，不讓其他廠商有生產相容電腦的機會，台灣的經濟發展能否高速成長，仍是疑問。

正因為相容電腦的出現，IBM品牌優勢不再，IBM個人電腦的獲利率逐漸降低，但最大的衝擊在於個人電腦取代IBM大型電腦的需求。個人電腦的運算速度愈來愈快，使用界面愈來愈友善，功能愈來愈強大，在使用便利性上，IBM大型電腦無法與之抗衡。當時大型電腦是IBM的金母雞，毛利高達70%，然而好景不再，逐漸受到個人電腦的侵蝕，獲利逐漸衰退，IBM股價也應聲挫敗，從1987年的一股180美元摔到1994年的44美元。

IBM個人電腦的快老二策略雖然成功一時，但卻像潘朵拉的盒子，打開之後，再也關不上了。直到1994年IBM新任執行長上任，將IBM策略完全改變，從硬體製造商轉型定位成為全方位服務的公司，股價才止跌回升，擺脫IBM進入個人電腦市場後的惡夢（IBM的成功轉型將會在第二章詳述）。

既然長期而言，IBM的快老二策略並不正確，那麼IBM在1981年面對蘋果電腦的競爭，應該採取哪種策略？

事後孔明，IBM最好的策略是成立獨立的個人電腦公司，執行原有的開放系統設計策略，然後併購微軟和英特爾，現在這兩家公司的股票市值遠超過IBM的股票市值。

天美時（Timex）錶是另一個案例。1950年代中期，天美時推出外表類似瑞士錶的廉價錶，當時一般手錶的經銷通路均是珠寶店，天美時認為，廉價錶要走廣大的通路，因此選擇了文具店、藥店、百貨公司做為通路，再配上全國廣告促銷，使天美時錶一炮而紅，價格、通路、廣告三者環環相扣，互相關聯，其中的關聯就是最高策略的指導。

台塑集團管理是另一個管理決策環環相扣的案例。台塑的管理哲學是合理化地追求降低成本，在策略上，台塑集團採取垂直整合策略，在電子、塑膠、醫療各個事業體，建立起上下游整合的體系。在管理上可說是「管理靠制度、制度靠表單、表單靠電腦」的一套模式。所謂「制度」即是企業的「最佳實務」（best practice）。

以台塑的採購制度為例，前董事長王永慶的哲學是「只有買錯的，沒有賣錯的。」對於採購達到錙銖必較的程度。因此必須建立嚴密的採購制度，由總管理處的採購處負責，採購的程序始於請購單位將請購項目及數量先送交總管理部門的採購處，採購處再經由網路邀請該項產品的優良廠商前來投標，決標的標準十分複雜，簡單而言，共有以下三項要點：

（1）最低價得標，這點殊無疑問。

（2）此次決標價格不得高於上次決標價格。許多人認為這項規定不合理，事實上，許多大公司在採購價格上已要求供應商每年以百分之十的比例下降，不能降低成本的廠商無法存活。

（3）為了防止圍標，台塑還有複雜的控制機制，簡言之，如果廠商投標三次，三次都沒有得標，就會被移除在台塑蒐集的優良廠商名錄之外，喪失未來投標資格。

由於台塑企業採購量大，信用良好，即使利潤微薄，廠商仍樂於和台塑做生意。採購制度建立以後，台塑總管理部門即以表單和電腦監控、跟催。因此台塑大概是國內企業最早電腦化的廠商。但要注意的是，光憑電腦化並不能做好管理，重要的是要建立起優良的制度，如果制度不是最佳實務，在制度電腦化後，想要修改就更為困難。台塑的管理制度事實上反應了台塑的管理哲學（註：台塑的管理制度百分之八十以上由王永慶前董事長設計）。

制度是策略的具體實踐。 

以上幾個例子都顯示，所謂企業策略就是在決策體系中最高層的決策，且上層的策略決定了下層的策略。上下層策略環環相扣，形成嚴密的「目標－手段體系」。

二、策略的特質

（一）做對的事情，而不是僅將事情做對

在觀念上，策略的第一個特性就是：「做對的事情，而不是僅將事情做對」（Do the right thing rather than do the things right）。企業著重的是效能（effectiveness），而不只是效率（efficiency）而已。福特汽車與通用汽車之間的競爭就是最明顯的例子。

在1920年，福特汽車為了滿足大眾行的需求，將目標定於生產售價低於一千美元的汽車。為了降低成本，福特首先發明了裝配線的生產方式，福特只生產T型車（Model T）這一種車型，而且只有黑色一種顏色。單一車型、單一顏色，加上裝配線的生產，使福特在當時成為全世界最有效率的汽車生產商。

策略是做對的事，而不只把事情做對。

通用汽車則採取另一種策略。通用認為消費者的生活水準已經提高，消費者買車並不只是為了交通的需求，同時更要反映出車主的社經地位，汽車成為社會地位的象徵，因此通用將汽車市場分割為高價位市場和低

價位市場，然後針對不同市場區隔推出不同車型，包括凱迪拉克（Cadillac）、別克（Buick）、奧斯摩比（Oldsmobile）、雪佛蘭（Chevrolet），和針對青少年的龐帝亞克（Pontiac）。車型增加自然喪失規模經濟、降低效率並提高成本，但改變策略後，通用汽車雖然不是效率最高的公司，卻很快地在十年內超越福特，成為市場的領導者。直到六十多年後（1988年），福特汽車才在利潤上超越通用，可是在市場占有率上一直屈居第二，始終無法領先通用。

由此例可知，策略最主要的第一步就是要做對的事情，這比把事情做對更為重要。由福特和通用的例子亦可看出，如果犯了策略性的錯誤，這得要花上十幾年甚或更久的時間來改正這個錯誤。

相對而言，正確的企業策略幾乎可以保證企業百分之七十的成功，執行面有些差錯是可以容忍的。但一旦策略錯誤，再回頭已是百年身，不可不慎。

台北市衡陽路的采芝齋在三十年前以蘇州點心享有盛名，但三十年後，卻輸給了當年默默無名的新東陽。原因無它，新東陽採取通路策略，以廣大的通路取勝。但采芝齋卻多角化地進入餐飲業，策略錯誤，始終無法再創當年盛況。

策略創新正是顯示策略是「做對的事」的最佳範例。

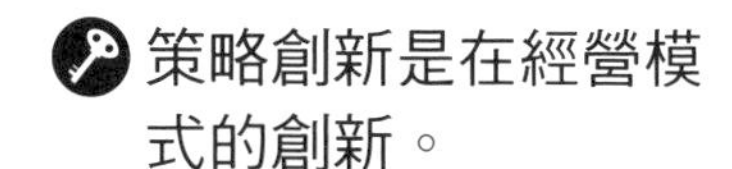

策略創新

美國《財星》雜誌（Fortune）2010年五百大企業出爐了，其中排名第一的是沃爾瑪（Wal-mart），銷額高達四千億美元，超過許多國家的國民生產總額，這並不令人意外。但意外的是，沃爾瑪的股票市值還只有排名第五十六蘋果電腦一家公司市值的二分之一。我國的企業也有「百年老店不如年少英雄」的現象，台積電的市值超過國泰人壽，康師傅的市值也超過台塑，策略管理學研究認為這是「策略創新」（strategic innovation）的結果，採取策略創新的公司市值增加率遠超過傳統的企業。

何謂策略創新？

策略創新意指企業以新的方式經營，改變原來產業競爭的法則，重新塑造新的遊戲規則。「Swatch」（帥奇錶）就是最明顯的範例。瑞士原為高級錶的產地，每年生產六千支高價錶，每支均為手工打造，穩坐世界鐘錶王座；60年代初期，電子錶出現，取代了瑞士錶計時準確的功能，日本製的手錶也逐漸升級，侵蝕到瑞士錶的市場；到了70年代，瑞士的機械錶廠已不敵低價錶的競爭，紛紛破產，瑞士銀行被迫接管，將瑞士各鐘錶廠重新改組成一家取名S.M.H.的公司。S.M.H.重整後的首要問題是，如何在低價錶市場和電子錶、石英錶競爭？答案是Swatch。

Swatch將手錶重新定位，手錶不再只是用來顯示時間，因為手錶通常與佩戴者24小時形影不離，Swatch認為手錶比其他飾物更能代表個人個性的延伸，是個人生活的一部分，因此將手錶定位成親密的個人飾物。飾物就有流行，流行就有設計，因此Swatch結合法國、義大利設計家，每年春、秋推出新錶款式，成為時尚的一部分。且既然是時尚，年年均有需求，消費者不再只以擁有一隻手錶為滿足，而期望擁有數支手錶，不同場合配戴不同手錶，這和以前一人一支高價瑞士錶的策略大不相同。

但要執行Swatch的新策略需要較低的成本，這在人工昂貴的瑞士又如何做到？

Swatch的解決方案是減少零件數目，全面自動化，將人工成本壓到總成本的百分之五以下。新定位、自動化、時髦的設計，再加上瑞士產地的印象，Swatch風靡全球，不但重振了瑞士鐘錶業，而且還因為在低價錶市場的成功，阻止了日本錶向高級鐘錶市場發展的意圖，成為策略創新的傑出案例。這種重塑競爭法則的創新想法稱為策略創新。

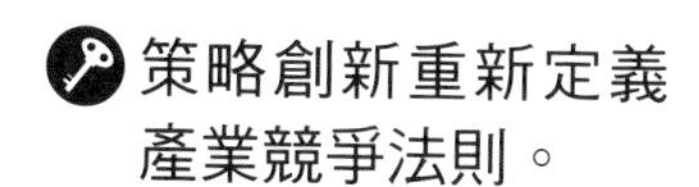

策略創新案例

VHS和Beta競爭也是一例，技術上Beta猶勝VHS一籌，但策略上卻一敗塗地。

當年VHS規格研發成功後，松下（Matsushita）的總裁認為，要在錄放影機市場成功必須要使VHS成為產業標準，因此採取多重授權（multiple licensing）策略，在歐、美授權飛利浦、RCA大廠生產。搶先攫取市場主導Beta技術的新力索尼（Sony）卻採用自行生產策略，等到新力索尼設廠完畢，錄放影機、錄影帶早已是VHS的天下。策略創新打敗了技術創新。

聯邦快遞（Fedex Express）亦是一例。聯邦快遞創辦人史密斯在耶魯大學經濟系唸書時即寫了一篇有關「隔夜快遞」的報告，認為貨運可在晚上作業，而客運只在日間，二者需求不同，但目前小型包裹空運均由航空公司利用客運班機承運，既無效率，又浪費時間，如能利用晚間空運包裹，次日即送達，必能大有作為。但此報告被教授評為丙下（C-），認為沒有所謂隔夜快遞的需求。但史密斯不為所動，畢業後即創辦聯邦快遞，創造輻軸運送系統（Hub and Spoke），大量利用資訊科技，追蹤包裹信件流向，嚴密控制時程，幾十年來已成為年營業額360億美元的公司。

在公司經營型態上，也迭見策略創新的範例。CNN看中24小時播放新聞的市場，在一片不看好聲中打下一片天地，最後和時代－華納合併。米根（Michael Milken）看中債券信用評等公司的保守作風，認為一定有漏網之魚，值得評等卻遭評為不及格的公司大有人在，因此大力推動垃圾債券（junk bond）市場，成為80年代舉債購回（leveraged buyout）、購併風潮的推手，當年CNN、聯邦快遞均是靠發行垃圾債券得以創業存活。

台積電亦是策略創新成功的案例，在美、日半導體大廠上下游垂直整合的傳統做法下，台積電獨具慧眼看中代工業務的前途，以新的經營型態切入半導體產業，成功地建立台灣半導體代工業在全球市場的領先地位。而IBM、惠普科技（HP）均係在策略上大幅更改，從製造商轉變成全方位的系統供應商後，公司業績才大福成長。

創新是差異化的基礎。 

創新儼然已成為企業經營的基本動作，數十年不變的老店將會面臨嚴酷的競爭，企業家不僅要能在技術上、行銷上創新，還要思考如何在策略上創新。創新不僅是目的，也是一種心態。您今年做事的方式和去年一樣嗎？

（二）執行長的觀點：策略的高度

策略的第二特質就是從執行長（Chief Executive Officer, CEO）的觀點出發，執行長以組織的整體利益為最大考量，而各部門經理所關心的則是各部門的利益，例如行銷經理著重在增加銷售、市場占有率，但卻可能犧牲了利潤；財務經理可能關心公司資產的流動性，而不願投資於固定資產，但卻可能造成生產的困擾；研發經理追尋科技創新、高品質的產品，但卻可能提高了成本。因此執行長必須平衡各部門的觀點，以企業整體效益做為策略選擇的基礎。

企業策略的目的在於統合各個企業各部門的策略。從此一觀念而言，財務策略要和公司的行銷及產品策略互相搭配，譬如說，一個公司所能忍受的風險有限，如果推出高風險的新產品，產品的資金就應來自於比較長期的資金來源，而不是短期借款，因此高科技公司應該以股票增資而不是以債券作為長期資金的來源。企業決策環環相扣，策略就是環環相扣的中心。

此外，策略要看得遠，執行長站在陽明山上，看到的是台北市的變化；站在玉山上，看到的是台灣的變化。高度越高，視界越廣，對於影響企業未來的發展的因素，掌握的就越精準。高度不夠的CEO所看到的是眼前的問題，通常會被一時的成功所蒙蔽，看不到未來5年、10年的發展，當策略轉折點到的時候，通常應變不及。例如柯達在數位相機出現時，並沒有警覺到這是破壞性的創新，無法從生產化學品的公司轉變成電子的公司，現已被淘汰出道瓊的成份股。筆記型電腦廠商高度不夠的在電腦產業廝殺，高度夠的廠商早在幾年前就佈局數位匯流（digital convergence）的產品，宏達電當年在歐美電信業者的合作下成功發展出智慧型手機，看起來，公司銷售短期不會有問題，但也警覺到這些大型電信業者一定會培養其他供應商，因此毅然決然決定自創品牌，若當年還是走代工的經營模式，不會有今天的局面。

再以這次2007年的金融海嘯為例，短視的CEO只看到目前的機會和威脅，有高度的CEO會看到世界經濟的變化、金融業的重整、各國國際勢力的消長、國際上財富的重分配，最重要的是海嘯過後的國際競爭生態的變化，尤其是金融海嘯對競爭者競爭優勢的影響。筆者觀察到有高度的CEO在訂策略的時候，一定會考慮競爭者的反應。策略一定要有高度。

（三）策略是長期承諾

由於各部門間的策略息息相關且環環相扣，企業的整體策略正是貫通指導各部門策略的最高決策。策略第三個特性是不針對短期現象，而是從長期的觀點出發。最主要的原因在於策略形成之後通常必須牽涉到不可逆轉的投資（irreversible investment），例如機器設備、產品定位、品牌等。策略一確定，資金、人力會分配到執行策略的單位，形成固定成本，就算策略錯誤，頭已洗下去了，以前的投資都成為沉入成本，企業也只得硬著頭皮堅持下去，這是所謂的承諾升高（escalating commitment）現象，因此策略的轉型並不容易，因為如此，企業必須對策略有長期的承諾（commitment）與投資的特性。

策略最少要有5年以上的規劃，擬定長期發展方向。例如企業出走，離開台灣到大陸投資，這並不是一個短期的策略，從長期而言，如果大陸工資上漲，或外銷受到配額的限制，這些公司就必須再尋找更低工資的國家，因此從長期的策略來看，中國大陸可能是5到10年內企業出走後的落腳處，再下一個5到10年當中，企業可能移向印度或其他工資較低的國家。這個策略從長期而言，就是國際化追求低成本的策略；而國際化的目的在於尋找低人工成本的地點，但我們在討論國際化策略時將會指出，這不是可取的策略。

策略是長期的規劃，很多成功的公司在賺大錢時，只顧低頭撿錢，不抬頭看看競爭環境和競爭者的變化，沒有長期的規劃，最後會被競爭所淘汰。

（四）策略要知所取捨（Strategy is about hard choices.）

許多企業求好心切，要求最好的產品品質、最低的成本、雇用最佳人才、要進入高成長的產業、新產品發展要最快、生產要最有彈性、全部要e化、客戶服務要最好……，這的確是極為崇高的目標。然而任何企業的資源都有限，更不可能樣樣都好，在眾多選擇中，企業必須發展少數的競爭優勢，如何選擇，就有賴策略的指引。IBM的個人電腦事業部的主管就選擇快速進入，而放棄了長期差異化優勢；台積電要成為代工業的龍頭，為了避免利益衝突，就不能進入晶片設計業和其客戶競

策略是困難的抉擇。 

爭。裕隆當年面臨要自有品牌還是替日產代工的抉擇，裕隆選擇了代工，日後在大陸的發展卻受到日產的掣肘。事實上，不是兩難的抉擇，就不是策略。例如降低成本提高品質都是該做的事，談不上是策略；但牽涉到品質和成本的取捨，這就是策略的抉擇。

三、策略的階層

策略是在企業的決策體系中運作，但即使在策略當中，也有所謂的策略階層（levels of strategy），最高的一個階層就是公司的集團策略（corporate strategy）。在集團企業中，有很多不同的事業群，公司最主要的著重點在於，從公司集團整體的觀點而言，如何決定多角化的方向及事業的組合，公司必須決定進入哪些產業，退出哪些產業，整體集團策略除了配合多角化策略之外，還包括購併策略、垂直整合策略，及國際化策略。

集團整體策略之下有企業競爭策略（business strategy），企業競爭策略適用於單一企業或單一事業群，簡單而言，競爭策略就是定位與差異化（position and differentiation）。企業在市場上的定位決定了誰是競爭者，以及競爭的方式，是成本為主的競爭或是品質為主的競爭？除此之外，定位及差異化的競爭策略也決定了定價策略、進入及進入阻絕策略、產品差異化策略、全球策略、技術策略，以及策略性的資訊系統等。在下幾章中會詳細解說這些競爭策略。

競爭策略必須要由功能部門的策略（functional strategies）來落實，功能部門的策略包括行銷、生產、財務、研發、人事等策略，這些功能部門的策略又是由企業的競爭策略所決定。但功能部門的策略不屬於策略管理的範圍，本書亦不多加討論。

四、策略為什麼需要管理？

策略管理可以說是管理整個策略形成及執行的過程，包括了策略的內涵（content）及形成策略的過程（process）。策略的內涵指的是企業要採取的策略行動，但策略決策需要經過組織的決策過程及分析的過程，策略形成之後，最大的挑戰就是執行的問題，在企業設計策略之後，還要重新建立組織結構，創造企業獨特的文化和價值觀，建立配套的激勵制度，制定功能部門策略以使整個策略得以實現，這整個分析、成形、決定、執行的過程就是策略管理。本書的重點在於策略決策的分析架構，要形成策略首先要經過思維架構（conceptual framework），透過嚴密的分析，考慮重要的決策變數後，再決定策略的內涵和行動計畫。本書對策略形成的思維架構如圖1-2所示。

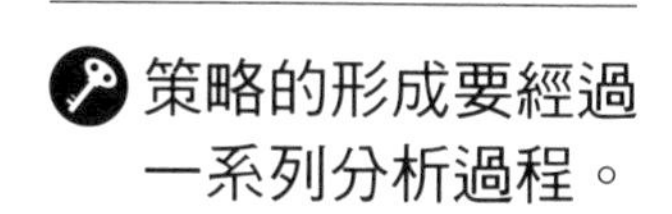

讀者看到圖1-2，一定大吃一驚，策略管理不就是SWOT、五力分析、BCG分析嗎？怎麼會這麼複雜？沒錯，筆者在1985年開始教策略管理時，的確只有早期的SWOT、五力分析、BCG分析，但這些分析工具過於粗糙簡化，要正確使用還需要更詳細的分析。近年來，策略管理加入賽局理論、組織理論之後，不是簡單的分析可以涵蓋策略的每一層面，圖1-2是筆者將近年來的新觀念和原來策略管理的概念揉合而成的思維架構。看似複雜，但企業使用上卻不必走每一條策略選項，只要選對幾個策略重點即可。

圖 1-2 策略形成的思維架構

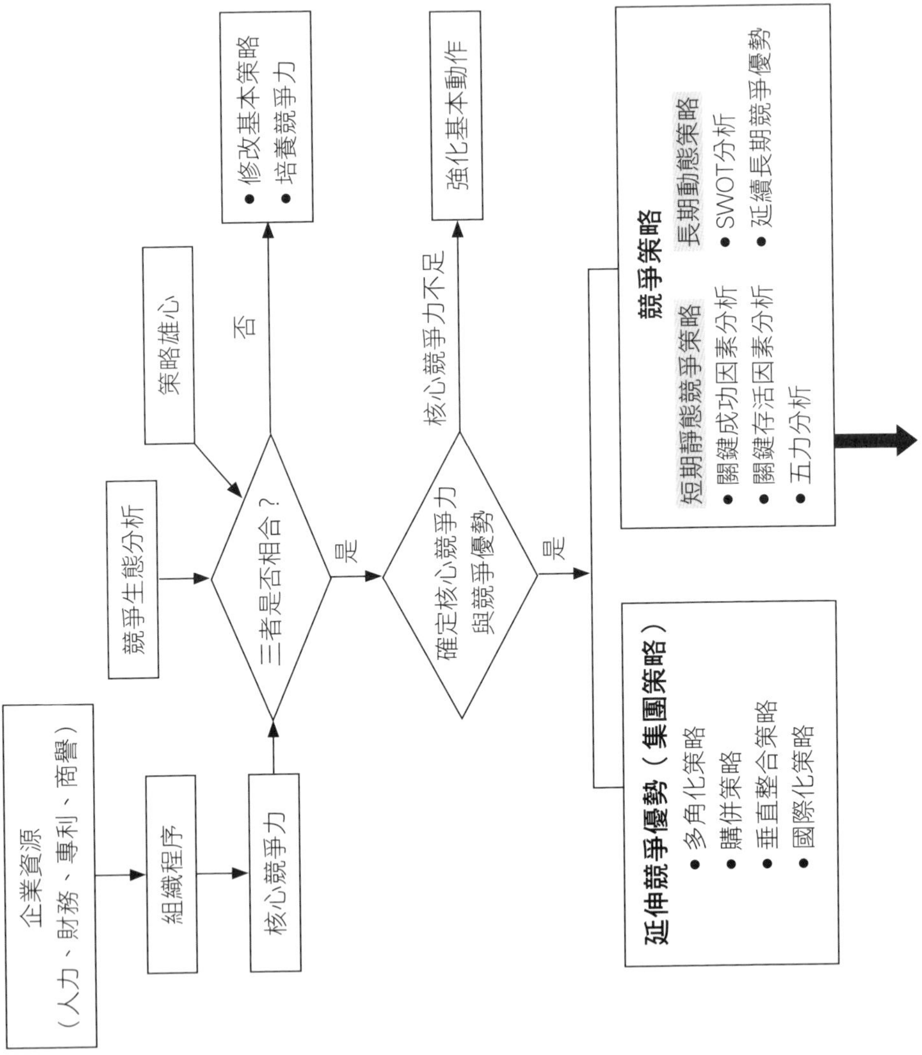

企業資源
（人力、財務、專利、商譽）

組織程序

核心競爭力

競爭生態分析

策略雄心

三者是否相合？

否

- 修改基本策略
- 培養競爭力

是

確定核心競爭力
與競爭優勢

核心競爭力不足

強化基本動作

是

延伸競爭優勢（集團策略）

- 多角化策略
- 購併策略
- 垂直整合策略
- 國際化策略

競爭策略

短期靜態競爭策略

- 關鍵成功因素分析
- 關鍵存活因素分析
- 五力分析

長期動態策略

- SWOT分析
- 延續長期競爭優勢

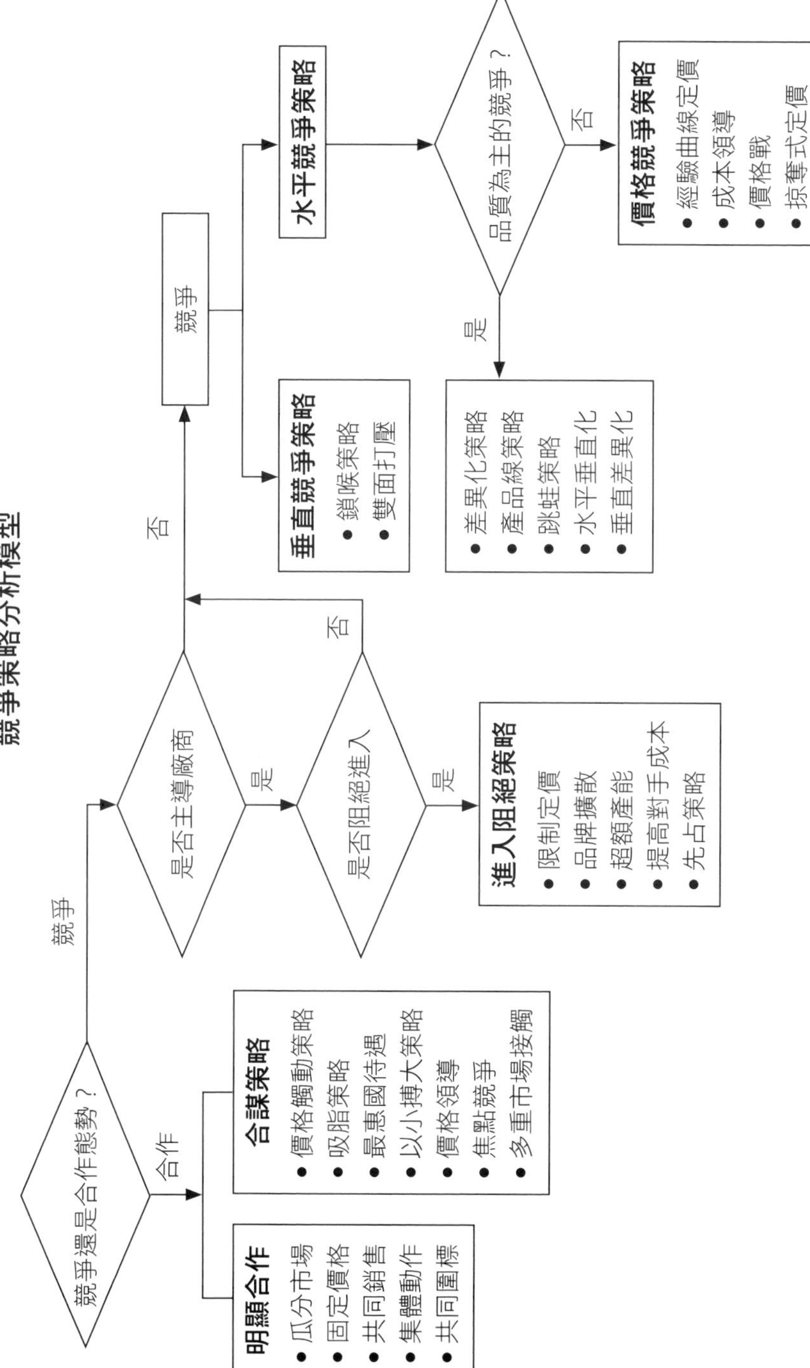
競爭策略分析模型
競爭還是合作態勢？
合作
競爭
明顯合作
● 瓜分市場
● 固定價格
● 共同銷售
● 集體動作
● 共同圍標
合謀策略
● 價格觸動策略
● 吸脂策略
● 最惠國待遇
● 以小搏大策略
● 價格領導
● 焦點競爭
● 多重市場接觸
是否主導廠商
是
否
是否阻絕進入
是
否
進入阻絕策略
● 限制定價
● 品牌擴散
● 超額產能
● 提高對手成本
● 先占策略
競爭
垂直競爭策略
● 鎖喉策略
● 雙面打壓
水平競爭策略
品質為主的競爭？
是
否
● 差異化策略
● 產品線策略
● 跳蛙策略
● 水平垂直化
● 垂直差異化
價格競爭策略
● 經驗曲線定價
● 成本領導
● 價格戰
● 掠奪式定價

五、策略的分析架構

策略的形成不外乎由內而外和由外而內的分析程序·由內而外的分析首先從企業本身開始。一般而言，任何企業在開始時都有財務資源，利用財務資源去吸引人才、發展技術，透過管理程序將人才、技術加以組合，培養出核心競爭力（core competencies）。管理程序簡單而言就是一套套的管理制度，例如獎賞制度、新產品發展程序、顧客服務程序等。這一套套管理程序，孕育著公司管理智慧的結晶。有了這些程序，才能培養出和其他公司不同的能力。

策略雄心要和企業核心競爭力相配合。

公司有了核心競爭力之後，才能談到策略雄心（strategic intent）。如果沒有核心競爭力，策略的選項不多，只能追隨其他公司，採取「me too」策略，隨產業景氣而浮沈。再不然，繼續加強基本動作，培養競爭力。例如成本控制、品質管理、顧客關係管理等，基本動作做得比競爭者好，才算有核心競爭力。

另一方面，企業最高階層則首先要確定策略雄心，策略雄心的基本問題是：10年後，企業要成為什麼樣的公司？舉例而言，諾基亞（Nokia）來自蕞爾小國芬蘭，在1977年決定成為全球化的電子公司，1992年決定成為全世界無線通訊的領導廠商，這是諾基亞的策略雄心。在2000年諾基亞果然成為無線通訊的龍頭，實現其策略雄心。

策略形成的第二步是由外而內的分析，分析企業的競爭生態，分析競爭生態的目的不外乎：

（1）要看競爭生態是否能讓企業實現其策略雄心。

（2）檢討企業的競爭力和產業的結構和關鍵成功因素是否相合。

（3）競爭生態分析提供形成競爭策略的基礎。在分析競爭生態後，要看競爭生態是否與企業的核心競爭力相合，而且能配合實現策略雄心，如果不行，企業必須重新檢討策略雄心，或從其他來源獲取資源培養核心競爭力。

諾基亞知道無線通訊的關鍵成功因素（Key Success Factors, KSF）是創新及品牌，但以芬蘭的資源絕無可能成為世界級大廠，因此，諾基亞採取國際化策略，在國際市場獲取資金和人才，以培養創新和品牌的優勢。可是，諾基亞在2G手機成功遭到聯發科聯合大陸手機業者的侵蝕，在高階智慧型手機又無法和宏達電和蘋果的iPhone競爭，上下夾擊，諾基亞的霸業在10年內就搖搖欲墜，競爭生態的改變會迫使諾基亞採取其他策略。

確定策略雄心、核心競爭力及企業競爭生態三者相合後，才能形成集團整體策略和競爭策略。

在集團整體策略中，多角化策略應植基於延伸（leveraging）核心競爭能力到其他產業，包括垂直整合、購併策略、波士頓顧問公司（Boston Consulting Group, BCG）分析等。利用核心競爭力到形成競爭策略，還要考慮產業競爭生態的特性和環境的變化，又可分為短期策略和長期策略，如果短期內企業競爭環境變化不大，產業內會達到均衡（equilibrium），傳統的產業分析可以導出企業應該採取的競爭策略，例如垂直競爭策略、進入阻絕策略等。長期而言，產業的技術、消費者行為均會改變，這時就要用動態的分析工具，如SWOT分析，再加上產業分析，作為擬定長期策略的基礎，但長期策略的形成是以短期靜態的策略為基礎。

本書將以這思維架構為基礎，在下面的章節詳細解說以上所提的分析工具。

六、策略規劃的優劣點

前幾節剖析了策略規劃的重要性，但有些企業在進行策略規劃之後，又匆匆忙忙的修改策略，因此有人認為策略規劃並不能發揮其功能。事實上，策略規劃有其有形和無形的好處。有形的好處是：有了企業策略之後，公司的目標就很清楚，經理人員知道如何設定所屬部門工作的先後順序；有了目標，就可以設立績效衡量的標準，用策略目標訂定年度紅利發放的標準。除了目標清楚之外，企業策略還統一思想，讓公司成員都清楚知道企業未來發展方向；其實企業有如蜈蚣有百條腿，策略就是統一這百條腿的走向，沒有策略，各單位各行其事，倍多力分，成不了大事。除此之外，策略形成的過程中，經過大多數人的討論，在此過程中，可以使企業的經理人員對企業的未來發展有一致的看法，同時還可激發很多的創意；策略規劃最重要的一個優點是，執行策略規劃的制度可以促使經理人員採取策略性的思考，而不只是以救火的方式來處理日常業務。

策略性的思考就是在採取每個行動時，都需要思考這項行動的長期影響及策略性意義為何，例如降價競爭，不只是個價格的調整，而是向競爭者傳遞競爭態勢的訊息。

資本支出也不是只是財務規劃，而是反映策略雄心。可是還是會有人說：「台灣企業過去30年不做策略規劃也成功，策略規劃真的那麼重要？」沒錯，台灣過去30年在高速經濟發展的環境下，幾乎做什麼賺什麼，以製造為主的策略即已足夠，但現在進入微利時代，又面對大陸的競爭，以製造為主的策略遲早會被大陸企業模仿，台灣企業不能只賺製造錢，勢必走向以研發、行銷、服務為主的策略，不能再漠視策略規劃。

然而策略規劃並非毫無缺點：首先，策略規劃成本很高，企業領導者所屬的規劃幕僚加上各部門提供的報表、資料，都提高公司的間接費用；其次，很多公司將策略規劃當作形式，以為做做策略規劃的樣子就可以轉危為安，在這種情況下，很多策略規劃都只是官樣文章，甚至流為口號管理。

企業並不是非要策略規劃不可，有些企業的策略非常簡單，例如日本豐田汽車，只要提高品質、降低成本與客戶建立好關係，在每個經營細節做到極致，企業就可以穩定地發展下去，在這種情況下就不需要每年作策略規劃。但這種企業到底是少數，根據美國和日本的經驗，策略規劃已經愈來愈重要，因為世界上的環境可說是瞬息萬變，必須要分析局勢，順勢而為，及時轉型。此外，公司分權化的結果造成權力下放，許多中層經理必須做策略性的決策，且據以施行，才能因應來自於競爭者及後起之秀的不斷挑戰，整合企業整體資源向成功的目標邁進。

七、策略與口號管理

「口號管理」意指企業一般以常識為主的作為，例如提高品質、降低成本、加強促銷、提高研發水準、發展良好顧客關係、多角化進入高成長企業等等，這些策略其實只能說是經營企業的「基本動作」，是放諸四海皆準、每個企業均可適用的做法。除非能夠大幅超越競爭者，這些做法並不算策略，只是基本存活因素（Key Survival Factors, KSF）。許多沒有競爭優勢、市場地位（market power）的企業別無選擇，只有落實這些基本的作為。但若企業有些市場地位，除了追隨口號管理模式之外，還有許多其他策略可以採用，以發揮企業的競爭優勢。例如企業追隨經驗曲線（experience curve）降低成本，可以採取經驗曲線定價的策略來阻絕其他企業的進入。本書不擬深究這些基本口號管理方式，而著重於在做

策略不是口號管理。

好口號管理、成本控制、品質管理的前提下，企業如何發揮市場地位的優勢。

八、結論

在以上的幾節中，我們對策略進行了大概的介紹，因為企業決策有環環相扣的特性，牽一髮而動全身，企業必須要有策略作為企業決策的最高指導原則，否則企業各項決策四分五裂，不能統一行動發揮整體力量。

既然策略是企業行為的最高指導原則，策略是從企業總體的角度建構企業長期競爭優勢，提供了企業長期發展的方向，而不是短期、技術性的決策。因此，企業策略必須講究的是做對的事，策略創新就是最好的例子。

策略在集團企業的觀點是如何建立集團的事業組合。決定要進入和退出的產業，至於如何在產業中競爭，則是競爭策略的範疇。競爭策略關心的是如何建立競爭優勢，由持久競爭優勢衍生出企業的定價策略、競爭態勢等，來支持企業在產業中的定位和差異化。

形成集團策略和競爭策略必須要經過一連串的分析過程，本書的重點就在於詳述策略分析的工具，做為策略形成的參考。

本章精論

1. 上兵伐謀，謀就是策略。

2. 競爭策略又分大策略、小策略。

3. 企業決策環環相扣。

4. 制度是策略的具體實踐。

5. 策略是做對的事情，而不只是將事情做對。

6. 策略創新是在經營模式的創新。

7. 策略創新重新定義產業競爭法則。

8. 創新是差異化的基礎。

9. 策略是困難的抉擇。

10. 策略的形成要經過一系列分析過程。

11. 策略雄心要和企業核心競爭力相配合。

12. 策略不是口號管理。

策略精論

基礎篇

第二章
競爭策略

一. 何謂策略？

二. 策略定位

三. 差異化

四. 競爭態勢

五. 策略的段數

六. 建構策略的活動系統

七. 結論

＊ 企業策略和軍事戰略

＊ IBM策略重新定位起死回生

＊ 價值鏈定位的變化——跳蛙策略

＊ 星巴克的差異化

＊ 雅芳的SWOT分析和策略轉折點

＊ SWOT分析的盲點

一、何謂策略？

第一章已提到，策略是達到企業目標的手段，同時也介紹了策略的特質，策略包含整體集團策略和競爭策略，而本章將針對競爭策略的定義及構成的要件，進行更深層的分析。

策略在英文中源自於希臘字「strategia」，表示「將軍」之意。因此英文的策略意義為「當將軍之藝術」（the art of general），因此策略在起始即有強烈的作戰意義。在中國大陸更將之翻譯為「戰略」，但企業策略與軍事戰略則是同中有異。

企業策略和軍事戰略

企業策略與軍事戰略不同之處有四：

（1）目標不同。軍事戰略在於勝負，勝了多少或敗了多少均不在主要考慮之列；而企業策略必須要考慮盈虧，盈餘一百萬或一千萬美元對中小企業而言，其差別不可以道理計，因此軍事戰略必須傾全力一搏以求勝，企業策略可以不必冒如此高的風險。

（2）軍事戰略必定有輸贏，但企業卻可以合作瓜分市場而不必競爭，換言之，有合作的策略（見第三章），但對戰雙方沒有合作的戰略。

（3）企業的競爭有「供需法則」來支配，但軍事戰略卻無。

（4）企業可以從股票或債券市場獲取新的資源，而軍事戰略通常在於分配固定資源。

由於以上的不同之處，軍事戰略（例如孫子兵法）雖有許多可以仿效之處，但不能直接套用到企業策略上，必須做某種程度的修正。

企業策略的定義是：「決定企業長期目標，採取行動、分配資源來達到目標」。更進一步來說，策略是「能將公司主要目標、政策以及行動統合為一緊密的整體（cohesive whole）。」良好的策略係根據企業本身的條件，未來環境的變化，對手的行動等來分配資源，追尋獨特、永續經營的定位。

以上對策略的定義只在思維層次上有所解說，並沒有對策略有更明顯、具體的描述，具體而言，競爭策略有三個要件：

（1）產品市場的定位（positioning）；

（2）差異化及競爭優勢的選擇；

（3）競爭態勢。

以下將詳細解釋這三個策略要件。

二、策略定位

企業在經營上，首先必須要界定它到底是什麼樣的公司？是在哪一個產業？然後才能在產業中定位。鋼鐵公司並不一定在鋼鐵業，其實中鋼所在的產業不是鋼鐵業而是材料業。因此中鋼也並不一定只賣鋼鐵，也可以供給其他材料給它的客戶，來解決客戶在材料上的問題。因此中鋼的定位是在材料業。長榮是運輸業嗎？其實不盡然，長榮現在進入航空工業，航空工業除了是運輸業之外，還可以兼做旅遊業。換句話說，

策略的第一個要件是定位。

如果長榮將自己的企業定義成旅遊業，那長榮就應該根據本身在航空業的優勢，開發旅館以及旅遊活動，做統籌的規劃。如果長榮認為本身只是在運輸業，它當然只做航空

運輸而不經營其他各方面產業。再以中國時報而言，其產業並不是報紙業，而應是資訊服務業。資訊可以以不同的方式傳播給使用者，報紙只是傳播資訊的工具之一，中國時報因此也可進入資訊諮詢業。網路興起後，中國時報也進入網路產業，利用網路來傳播資訊。

網際網路誕生之後，提供企業重新定位的契機，企業的定位的選擇也無限寬廣。以雅虎（Yahoo!）為例，一般人認為雅虎是以搜尋引擎為主的公司，事實上，雅虎創業之初，在策略上就決定將公司定位為媒體（media），類似電視公司利用無線電波提供節目，雅虎即透過網際網路提供用戶數位化的訊息，搜尋引擎只是提供客戶使用的便利，並不是主要的競爭工具。到了2001年，雅虎又改變公司的定位，利用其廣大的用戶群，將公司定位成「行銷的公司」，幫助其他公司做行銷研究。

同樣地，亞馬遜網路書店（Amazon.com）的定位並不只是網路書店，而是「網路世界最大的商店」（The largest store on Internet），亞馬遜在網路上銷售的產品包羅萬象，從書籍到音樂CD、玩具、電腦軟體、園藝工具……，均是亞馬遜銷售的範圍。2002年10月，亞馬遜更跨入服裝零售業，成為網路上的百貨公司。

日本的新力索尼（Sony）也將公司重新定位，以往新力索尼定位公司為生產電視、音響、錄影機等的「家電」公司，但最近新力索尼重新將公司定位為「娛樂」公司。電視、音響、錄影機不過是播放娛樂內容的工具，所以新力索尼進入唱片業，購併哥倫比亞電影公司，發展PS2，同時進入網路業，將娛樂的內容、傳輸、播放，上下游一氣呵成。微軟也不再是「軟體」公司，而定位成「增進工作效率」的公司。以上的例子均驗證，公司定位成為公司行為的最高指導原則。

而IBM重新定位、改變策略，力圖振衰起弊，讓股價從1994年起漲了8倍的故事，就相當值得探討。

IBM策略重新定位起死回生

2002年1月30號，IBM董事會正式任命50歲的帕米沙諾（Samuel J. Palmisano）擔任新的執行長，原來的執行長葛斯納（Louis Gerstner）功成身退。葛斯納在IBM創造了近十年來最大的企業轉型，他自1993年4月加入IBM成為執行長以來，IBM股票股價漲了8倍，股票市值增加了1,800億美元，他到底是怎麼做到的？

IBM自1960年代以來主導電腦業的發展，在主機市場幾乎占有獨占地位。但沒想到IBM在個人電腦上的策略錯誤，雖造就個人電腦的風行（見第一章的分析），但對IBM的金母雞：大型電腦，卻造成嚴重的衝擊。IBM慘遭虧損，股價腰斬，內部升任新的執行長也無法挽回頹勢，在這樣的背景下，葛斯納接手成為IBM新的執行長。

葛斯納上任後，立即採取教科書上典型組織轉型的做法：震撼療法（shock therapy）。首先大幅更換高階主管，再厲行降低成本，裁員數萬人，不到一年的時間，IBM的成本下降了120億美元，第二年即開始獲利。

組織改造後，接者就是策略轉型，重新定位。葛斯納認為，IBM不能再以電腦硬體公司自居，而應該提供顧客完整解決方案（total solution provider），因此IBM積極進入顧客服務，成立全球服務（global service）部門，並購併蓮花公司（Lotus），擴大軟體的服務。從1993年到2001年，IBM銷售的成長幾乎全來自服務和軟體部門，這項策略的轉型，對近年IBM的股價有決定性的影響。

首先，服務及軟體的利潤較高，顧客可以比較硬體的價格，但對軟體和服務卻沒有議價能力；其次，轉型到以服務為主的公司可以大幅增加資本生產力（capital productivity），服務型公司並不需要資本支出，也不需要存貨，和生產硬體為主的公司相比，每一元的股本可以產生更多的利潤。不僅如此，IBM還積極處分固定資產，將遍布全球的工廠賣掉，為了賣得較好的價錢，IBM還和買主簽下5年購買合約，約定在未來的5年中，仍然以優惠的價格向原來的工廠購買原料或成品。降低固定資產的比重，到2001年，IBM的廠房設備只占總資產的18%。

此外，IBM還積極降低股本，2001-2003，IBM每年花60億美元從市場上買回自家股份，流通在外股數從23億股降到17億股。股數減少，利潤增加，資金生產力大增，股價自然扶搖直上，創造了近年來最成功的企業轉型，而且不是靠成長轉型成功的。

IBM的成功轉型清楚指出策略定位的重要，策略定位清楚，後續的配套策略才容易執行。

1993年時，幾乎沒有人認為IBM這隻大牛會鹹魚翻身，但IBM的成功案例和1980年代福特汽車、1990年代美國運通、西屋公司等成功企業轉型一樣，將在企業歷史上留名。

但是遭逢同樣問題的全錄（Xerox），換了從IBM挖角而來的新執行長，也決定全錄不再是「影印」公司，而是「文件」公司，同時也重新將公司定位成「完整解決方案」的提供者。然而全錄轉型卻失敗了，至今仍在原來的泥沼中打轉，究竟全錄發生了什麼事？這點會在探討策略的執行時加以解釋（此部分請見《策略精論：進階篇》）。

單以企業所處產業即進行策略定位恐將失之於過度簡略，企業還要在產業中做更精細的定位才行。基本上，策略定位可分為兩個方向，一個是以需求為主的定位，另一個是在產業價值鏈（value chain）中的定位。

（一）以需求定位

從需求面而言，較簡單的定位是以價格（收入）作為定位的標準，例如手錶，從奧米茄（Omega）到天美時，再到Swatch，不同品牌價位不同。較複雜的是以客群作為定位。舉例而言，宜家家居（IKEA）的定位很清楚的是在傢俱業，但和台北文昌街的傢俱店大不相同，IKEA的顧客群集中在年輕族群，提供獨特設計的DIY傢俱，顧客進入店裡，不會有推銷員在旁噓寒問暖，大力推銷，顧客選定商品後，不必等候，就可直接從倉庫中取貨。因為顧客鎖定在年輕雙薪家庭，IKEA還提供孩童遊樂區，定價上也和標榜全方位服務、客製化的一般傢俱店相差許多，與文昌街、五股的傢俱店推銷、講價、訂貨再送貨的做法有天壤之別。這是以需求為主的定位。

（二）以價值鏈定位

第二種定位的方式是在產業的價值鏈上定位。消費者接受到的最終產品是經過一連串的加工過程，這個加工過程就是產業的價值鏈。舉例而言，汽油的產出和銷售要經過探油、運油、煉油和賣油的過程，一般石油公司絕非樣樣精通，大多數石油公司定位於探油及售油，而將價值鏈中煉油和運油外包給其他公司處理。

台積電的成功亦可歸功於其定位的正確。以半導體產業的價值鏈分析，晶片的產出要先經過晶片設計，再將電路蝕刻到晶圓上（這就是晶圓代工），然後再加以切割、測試、包裝，就成為半導體晶片。二十幾年前，半導體公司均垂直整合，由設計到包裝全部包辦。事實上，晶片設計公司不須太多資金，經濟規模不大，而代工階段經濟規模極高，目前一座12吋晶圓廠投資至少5百億新台幣，張忠謀先生看到「晶圓代工」的契機，在政府的協助下，成立台積電，專注於半導體價值鏈中「代工」這一階段，成為世界上半導體代工最大廠商，然後又從代工轉成「製造服務」，這是在價值鏈中定位的最佳範例。

價值鏈定位的變化——跳蛙策略

除了在價值鏈中選擇定位外，在價值鏈上，還可以有所變化，例如顛覆價值鏈，在價值鏈上執行跳蛙策略（leapfrogging in value chain）的定位模式。比方，「零件」製造商自創品牌，直接訴求消費者，英特爾微處理器的「Intel Inside」，腳踏車的Shimano變速器，均是有名的案例。

傳統的價值鏈定位並未跨越產業中層層相繫的階層，但「跳蛙策略」往往跨越界限，出現產業上游零件品牌知名度及市場價值，超越下游最終產品的例外情況。

從表面看起來，零件自創品牌並不合理。以汽車而言，消費者購買的是整部汽車的品牌，消費者對於汽車冷氣、音響是否有品牌並不在意，因此汽車冷氣製造商並不需要自創品牌。事實上，即使汽車冷氣製造商自創品牌，直接訴求消費者，因汽車製造商議價能力強，消費者也不會以汽車冷氣作為選擇汽車的標準。但汽車輪胎卻有繁多品牌，這是因為輪胎是消耗品，需要重置，而且輪胎的好壞和汽車製造商無關，消費者可獨立判斷，無所謂搭便車（free rider）問題，因此輪胎需要創造品牌。

但代糖劑阿斯巴甜的製造商卻反其道而行，阿斯巴甜的甜度為一般蔗糖的180倍，又係蛋白質合成，不會致癌，短期內迅速取代了傳統的糖精，成為許多低熱量健康食品的添加物。依照傳統想法，代糖劑並沒有自創品牌的必要，但天然甜品（Nutrasweet）公司決定推出EQUAL品牌，將包裝好的代糖直接銷售給消費者，並且創造出紅螺旋的標誌，要求使用EQUAL的廠商必須將紅螺旋標在食品的包裝上，如此阿斯巴甜直接向消費者訴求，在食品的價值鏈上，跳過最終產品，而以添加物的品牌作為創造消費者價值的策略，這可說是在價值鏈上的「跳蛙策略」（leapfrogging）。天然甜品公司創添加物品牌做法的著眼點在於，建立消費者對其品牌的忠誠度，希望在阿斯巴甜專利期滿後，消費者仍會繼續使用EQUAL。

同樣採用零件品牌的有Shimano的自行車變速器，在強力的廣告促銷之下，造成變速器的品牌凌駕自行車品牌之上。自行車製造商的價值自然被Shimano取代。

英特爾的微處理器更是使用零件品牌名聲大幅超越電腦品牌的範例。個人電腦微處理器市場的競爭十分激烈，英特爾必須面對三方面的競爭，首先是微軟－英特爾（Wintel）集團和蘋果公司的標準之爭；其次，英特爾必須面對微處理器市場上超微及新瑞仕（Cyrix，2000年時被威盛電子購併）的競爭，超微和新瑞仕均生產英特爾相容的微處理器。最後，英特爾還必須面對IBM、戴爾、惠普等個人電腦大廠的壓力，這些個人電腦大廠均希望英特爾的微處理器能夠降價，以降低他們的成本，刺激銷路。

為了應付這三方面的競爭，英特爾推出「Intel Inside」，花了8億美元做廣告（比可口可樂每年2億美元廣告預算還多），直接訴求消費者英特爾微處理器的價值。如此一來，對資源不夠，不能做大量廣告的蘋果電腦、超微、新瑞仕均形成重大威脅，無法跟進，這是典型「提高對手成本」（raising rivals costs）的策略。同時，英特爾的品牌深入人心，相對削弱了IBM、惠普、戴爾等下游電腦業者的品牌影響力，提高英特爾在微處理器上的價格主導能力，減少買方對微處理器價格的牽制力。這又是在價值鏈上跳蛙策略的成功範例。

最後蘋果牌的電腦也使用英特爾的微處理器。

品牌是企業價值的延續，但並非每一廠商都需要自創品牌，但由上述幾個成功的案例可以看出，高科技產業也可以在公司價值鏈中跳脫買方的制衡，而直接在消費者心中創造價值。

策略創新與策略定位

事實上，在第一章所提到的策略創新均是策略定位上的創新。Swatch將瑞士錶重新定位成時髦的飾物，讓每個人需要不只一支錶，而是隨著流行增購手錶。聯邦快遞創造第二天取件的需求，定位成文件快速處理公司。IBM在歷經個人電腦事業的敗筆後，起死回生的辦法是不再將自己視為銷售電腦的公司，而將公司重新定位成協助企業在資料處理方面解決問題的供應商。CNN和一般電視網不同，並不提供娛樂性節目，只提供及時新聞及時事討論，在播報新聞上，也和一般無線電視網相異，不依靠名角主播，觀眾不會因為主播不同而轉台，價值創造全在公司，而非個人主播（主持人Larry King和Lou Dodds例外）。定位清晰，策略創新可說是策略定位上的創新。

策略創新即是新的策略定位。

策略定位事實上反應了策略雄心，指出了企業經營模式和價值的創造。

策略雄心、價值創造與策略定位

策略雄心其實指的是企業「未來」的策略定位。公司是要成為台灣最大的公司？還是亞洲第一？還是世界前三大？公司未來是否要成為產業中最創新的公司？成本最低的公司？還是服務最好的公司？要在產業、價值鏈、需求上如何擴充？這些都是企業主表現出的策略雄心。

策略定位衍生出企業存在的基本使命：價值的創造（value proposition）。任何企業要存活一定要創造價值，而且創造的價值一定要超過成本。許多網路公司的失敗就在於價值的創造低於成本，更何況價值的創造是在市場上和其他競爭者相對比較而得，而許多網路公司以為本身創造的價值是獨一無二的，殊不知網路必須和實體企業競爭，而實體企業已經存在數百年，網路要取代實體企業，價值的創造必須要比實體企業更高才行，因此亞馬遜除了定位於網路商店外，還必須創造比一般商店

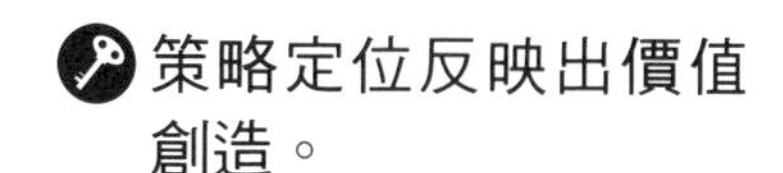

更高的價值，才有存在的可能。亞馬遜因而利用一對一行銷，以及降低顧客搜尋成本來創造價值。

再舉例而言，美國的威務（Service Master）公司將企業定位為清潔公司，但和一般的清潔公司不同，首先，威務公司以醫院、核能發電廠為對象，這些客戶對清潔的專業要求較高、也較特殊，威務公司的創造價值也較高；其次，威務在簽了清潔合約後，並不派清潔工人，而是派經理去帶領合約公司的清潔工人，利用威務公司發展出來的標準作業程序（Standard Operating Procedures, SOP）從事清潔的工作，這些標準作業程序都是由公司堅強的研發團隊所研究出來，適合不同環境的清潔工作，價值的創造遠超過一般的清潔公司。威務公司有強有力的價值創造，也可凸顯出策略定位和價值創造息息相關。

策略定位與營運模式

營運模式（business model）是策略上新的術語，指的是企業創造價值的方法。傳統製造業的營運模式是買原料、加工、出售，貿易公司則是買低賣高；新的營運模式有新的價值創造方式，例如建設公司原本「買地、蓋屋、賣屋」的營運模式，轉變成為「買地、蓋屋、出租」給醫療相關事業，成為醫療大樓的服務業。再如晶華酒店從經營資產密集的旅館業轉成資產輕（asset light）的旅館顧問業，幫其他業主管理旅館，收取管理費，也是新的營運模式。網際網路興起以後，出現了多樣性的營運模式，也就是企業創造價值的方式可以有許多變化（請參考《進階篇》第四章）。

事實上，營運模式與企業策略是一體兩面，只是其更精確地指出企業價值創造的方式，與交易對象之間的關係。新的經營模式可以視為策略創新，定位的方式不同，就會有別於傳統的製造業、服務業的經營模式。

三、差異化

決定了策略的定位後，策略的第二要件是差異化。公司和其他競爭者在哪些構面上有所區別？就算定位正確，如果和競爭者沒有差異化，競爭會日趨激烈，大家最後都只能賺取微薄的利潤，這就是所謂「策略同質化」（strategic convergence）的現象。哈佛大學的波特

策略要避免同質化。 

（Michael Porter）教授批評日本公司在定位上日趨一致，看不出差異，因此雖然能以低價格攫取市場占有率，但獲利率始終低落，造成內銷貼補外銷的窘境。當投資者將注意力轉移到利潤而非成長率時，日本股票市場就會應聲下跌。不追隨差異化策略，這正可以解釋日本在80年代的崛起，以及90年代的衰退的原因。

最近十年來，流程再造（reengineering）、標竿競爭（benchmarking），和追求「最佳實務」成為企業界的重要思維。

流程再造指的是利用資訊科技將作業流程串連一起，作業人員不需要因為要等待資訊的傳遞，而延遲了作業時間，也可將幾個不同的業務聯合在一起，由一個人負責。例如傳統上推銷人員只需要將貨物賣給客戶，生產流程的排定、交貨的安排、應收帳款的催收、售後服務，均由公司的生產部門、會計部門、客戶服務部門分別負責，作業程序冗長而複雜。經過流程再造，這些業務均可由銷售人員透過資訊系統一手安排，將銷售資訊輸入系統後，獲得生產流程、交貨、貨款催收等相關訊息，並可立即調整與因應，一方面降低成本，一方面提供客戶更及時的服務。

最佳實務指的是將作業流程加以分解，針對每一作業發展出最好的做法，例如麥當勞對薯條的處理就有標準作業程序，馬鈴薯如何收成，在哪一種溫度下運送，如何切割，炸薯條的用油、溫度，均有詳細的規定，作業人員照表操課，就能製造出獨步全球的薯條。

標竿競爭則是以敵為師的做法。首先選出在某項作業上表現傑出的企業，例如在退貨處理上，郵購公司的作業可能是所有業界最好的，顧客服務部門即以郵購公司作為標竿學習的對象，績效標準（例如處理退貨的速度）也比照標竿對象，以求取進步的作法。

波特認為流程再造、標竿競爭、最佳實務，均是作業層次（operational level）的改善，策略意義不足。追求作業改善的公司會發現，競爭者也會很快學會做同樣的作業改善，企業與競爭者之間最後又回歸策略同質、流程再造、標竿競爭、最佳實務的循環過程。一開始，這些做法是企業「關鍵成功因素」（Key Success Factors, KSF），但隨著時間過去，競爭者逐漸學會，改善空間逐漸減少，這些做法便成為另一種KSF——「關鍵存活因素」（Key Survival Factor），不會做即無法存活。

當「關鍵成功因素」成為「關鍵存活因素」時，策略又趨於同質，競爭再度激烈，利潤愈來愈微薄，因此企業應該以追求差異化作為策略的重點。

波特的論點仍有可待商榷之處，比如說，在以成本及價格作為競爭重點的產業，企業別無選擇，只有追求作業的精進，一滴一點追求最佳實務的精良，力求在成本上的差異化，才得以存活。而台灣資訊業就是「先求立足，再求差異化」的最佳寫照。過去20年，台灣資訊業拚製造的精良，除了製造能力與控管成本的功力外，各個廠商看不出有任何的差異，但在產業高速成長下，仍能賺取可觀的短期利潤。但在資訊業成長不再的2000年代，台灣資訊業必須要思考如何創造差異化，才能因應競爭更激烈的新世代。

星巴克的差異化

星巴克（Starbucks）是追求差異化的極佳案例。美國一般大眾型的店裡，賣的咖啡均無啥差異，價格不超過一塊美元，星巴克卻能獨樹一幟，將幾乎不可能做差異化的產品塑造出獨特的風格，一杯咖啡賣到4塊美元，還門庭若市。這正歸功於星巴克咖啡味道的差異化。

首先，星巴克的咖啡烘培技術獨特，咖啡豆的香味獨特，適合全世界大多數人的口味；其次，咖啡的香味在沖好的15分鐘後會逐漸消失，星巴克堅持一對一的服務，顧客永遠享受最新鮮的咖啡，這和一般商店先沖好一壺咖啡再出售的做法大相逕庭。其實，星巴克的祕訣是用兩杯咖啡豆的量沖泡一杯咖啡給顧客，如果顧客只要一杯，另一杯就去做冰咖啡，因為沖泡咖啡時，前百分之二十五的水量含有百分之七十五的香味，用雙倍分量沖泡的咖啡當然風味十足。另外，新鮮、濃郁的咖啡香味，店內特殊的布置風格，再加上工作人員均是道地的咖啡熱愛者，均構成其差異化的基礎。**簡單來說，星巴克的差異化來自於將簡單的產品（咖啡）注入熱情與生命**。於是星巴克在短時間內席捲全球，自1994年創業以來，短短8年，就銷售達30億美金，全球計有5,600家以上分店。

在咖啡王國立足以後，星巴克發現百分之五十的顧客是早上7點到10點間來買咖啡因的上班族，為增加每家分店在其他時段的銷售，星巴克開始擴充產品線，原來只有15種傳統義大利咖啡，現在提供30多種產品，光是星冰樂（Frappuccino）就有10種口味，成功吸引下午的顧客，在2002年星冰樂就為星巴克帶進將近十億美金收入。

廠商選擇差異化的基礎可以是成本或品質，以成本為差異化的廠商追求的就是成本領導的策略，企業可以利用經濟規模、垂直整合、共同技術平台、共同零組件、追求經驗曲線等方法降低成本（成本領導策略在第四章會有更詳細的討論）。

如果廠商追求其他構面的差異化，則可以有無限多的選擇，品質、服務、地點、品牌印象、產品設計、產品線的廣度、行銷通路等等均是差異化的構面。在選擇差異化構面時，廠商必須以競爭優勢為基礎。競爭優勢是選擇在那些活動上可以勝過對手，它可以是技術、產品設計、行銷通路、品質成本、服務……等。競爭優勢上最重要的一點是競爭優勢的持久性（sustainability），而競爭優勢的持久性又繫於模仿性（imitability），模仿性愈低，競爭優勢才愈持久。例如有些公司的競爭優勢是以新設備和新製程來壓低成本，但機器設備會老化折舊，競爭者也會購買同樣的機器設備，顯然此一競爭優勢無法持久。

差異化是策略的重要要件，沒有差異化，企業無法長治久安。在第四章建構競爭優勢會有更深入的介紹，討論如何選擇差異化的策略。

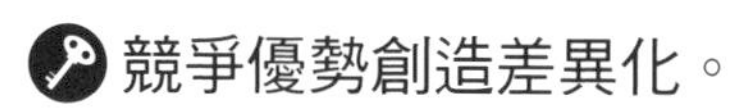

四、競爭態勢

策略的第三個要件是競爭態勢。企業在決定了定位、差異化之後，接下來就必須確定和競爭者間的關係。企業必須決定是不是要和競爭者直接衝突，還是要和平共存。如果要直接衝突進行激烈競爭，在價格、通路、法律、產品功能上，都是以打倒對手為目標，激烈競爭的結果通常是兩敗俱傷，除非廠商本身有強大的競爭優勢，否則最不願意見到激烈競爭的場景。但是和平共存又通常是一廂情願的想法，對手常常利用和平的煙幕偷襲，奪取顧客。因此，如何經營對雙方彼此有利或較偏向己方的競爭氛圍，這是策略上重要的選擇。如何選擇競爭態勢會在《進階篇》的賽局理論的章節仔細討論。

五、策略的段數

策略和下圍棋一樣，也有段數之分。最初段的策略是口號策略，口號策略其實就是不論環境的變化，企業本來就要進行的做法，只是用「策略」的名義包裝，例如：儘快做大做強、加強顧客關係、強化研發實力、優化人力資源、這些放諸四海皆準的「策略」適用於任何廠商，沒有策略上的「取捨」的問題，因此也沒有策略的意義。

二段的策略是「進步」（do better）的策略，將現有的企業活動做得再好一點。例如生產良率再提高兩個百分點、顧客再來率提高百分之三、存貨週轉率再提高一次。Do Better的策略大多偏重在作業層面，目的在於提高經營效率。如果經營效率能夠較競爭者為優，可以創造短期競爭優勢，但是只有當策略正確時，追求效率才不會事倍功半。

三段的策略是基本策略（generic strategies），策略的選擇上通常有三個基本策略：

（1）**成本領導策略（cost leadership）**：成本領導意指以低價市場為目標，推出大眾化的產品，以成本當競爭武器，全力追求低成本。

（2） **產品差異化策略（product differentiation）**：產品差異化策略就是廠商在每個市場區隔都提供特定產品；例如通用汽車將汽車市場分隔成五個市場，對每個市場推出一個品牌，如凱迪拉克針對高價市場，其次是別克、奧斯摩比、雪佛蘭，另外針對年輕人市場推出龐帝亞克。

（3） **集中策略（focus）**：所謂集中策略就是針對一個特定市場，推出適合該市場消費者特性的產品，將公司的資源、人力集中在一個市場區隔。

這三個基本策略並不互相排斥，更可同時採用。如豐田汽車就採用了「成本領導」和「產品差異化」這二個策略。豐田首先專注於小型汽車市場發展，以成本領導和品質做為訴求，再逐漸實施產品差異化策略，在每個價格區間都推出一、二種車型，一直到最高級的凌志（Lexus）。

其實這三個基本策略過於簡單，比較適合傳統的製造業，並不適合現今複雜的商業環境。諾基亞（Nokia）的策略是「創新」，全球市場區隔（global market segmentation）勉強算是產品差異化策略，但是雅虎或台積電的策略就很難歸於三個基本策略之一，問題出在這三個基本策略對於「策略定位」的描述沒有著墨、過於簡單；

其次，這三個基本策略根本沒有提到競爭態勢，如果每個廠商均採取成本領導策略，價格競爭成為主流，對所有廠商均不利，結果是只剩一個贏家。再者，企業的競爭策略並不只限制於這三個基本策略，我們以後會提到其他的競爭策略，例如進入阻絕策略、垂直整合策略等等。這三個基本策略只是比較常用的策略而已。

環境變化造成企業策略轉折點的到來。

四段的策略是透過SWOT分析出來的策略，SWOT分析大概是最多使用的模式，SWOT（Strengths, Weaknesses, Opportunities, Threats）首先分析企業環境趨勢，看看環境趨勢中有哪些是企業的機會，哪些是威脅，再進行本身能力的分析，相對於競爭者，了解有哪些是本身的優勢和劣勢，所謂策略就是配合本身優勢和產業中機會而應運而生的產物。具體的應用見下文敘述的雅芳公司實例。

雅芳的SWOT分析和策略轉折點

經營化妝品的雅芳（Avon）公司，以直銷方式打下天下，和一般化妝品公司的行銷通路大不相同，自1886年創立以來，雅芳以直銷為主，成功祕訣在於對雅芳小姐的訓練。再加上產品品質優良，又不用付出高昂的廣告和促銷費用，價格也相對便宜，2000年時一支唇膏在美國不過賣3美元，雅芳業務發展迅速，全美有5萬位「雅芳小姐」。但好景不長，到了60年代，家庭主婦走入職場，雅芳小姐登門拜訪，只有空房子沈默以對。

環境的變化逼著雅芳面臨策略轉折點（strategic inflection point），雅芳如果維持原有的經營模式，不啻自掘墳墓，但如果像一般化妝品公司到百貨公司擺專櫃，除了沒有競爭優勢，同時也造成和雅芳小姐的通路衝突，可說是背叛五萬多名的雅芳小姐。雅芳的解決之道是，將本身優勢（S：雅芳小姐）運用到環境提供的機會（O：職場女性）上，也就是訓練公司秘書和總機小姐當雅芳小姐。

到了1990年後期，雅芳任用四十餘歲的華人女性鍾彬嫻（Andrea Jung）擔任公司執行長，決定改變策略，還是對環境趨勢低頭，另創品牌，在大型百貨公司銷售。

SWOT分析適合用在動態環境中的長期策略。當環境變化快速，企業必須時時檢驗其原有的經營模式是否適合新的環境，換言之，環境的變動會逼迫企業的策略改弦更張，做最根本的改變，這就是英特爾前任總裁摩爾（Gordon Moore）所說的「策略轉折點」。英特爾歷史上面對過策略轉折點，當英特爾的DRAM業務無法和日本廠商競爭時，毅然決然放棄DRAM，成為以微處理器為主的公司。而低價電腦在1997年風行時，英特爾遲了半年才認定策略轉折點又到了，英特爾不能再和趨勢作戰，個人電腦高價不再，英特爾體認到必須要生產低價的微處理器，以因應環境的變化。

SWOT分析的盲點

SWOT分析固然可以導出策略定位和差異化的基礎，但過於粗糙，只能當為策略規劃的第一步，而且必須了解SWOT分析的盲點。首先，SWOT分析語意不清。何謂SW？何謂OT？如果環境的趨勢適合廠商本身的優勢就是機會，反之，就是威脅。筆記型電腦對桌上型電腦廠商是威脅還是機會？這需要更細密的分析，不是用SWOT可以做出來的。手機相機對於生產數位相機的Canon而言是機會還是威脅？實在無法判斷。因此，SWOT重要的只剩「S」，只要有競爭優勢，環境有利，可以大賺，環境不利，還是小賺，還可主動出擊，延伸競爭優勢來掌握環境中的機會。

此外，SWOT分析會讓許多公司掉入以機會為成長策略的陷阱。SWOT強調追逐成長機會，但當機會來臨時，眾多廠商蜂擁而至，供應商會漲價，工程師找不到，等到機器、原料、人員到齊，時機已失。公司實在不應以機會做為主要成長策略。但是如果產業每一家公司都在做SWOT分析，所導出的策略基本上差不多，結果是造成策略的同質性高，產業又陷於激烈的競爭。例如在1995年，以SWOT分析，PC產業成長率高，DRAM需求率高，台灣資金充沛，半導體製程技術優良，每一家半導體公司都應該進入DRAM產業。十年下來成為競爭的紅海，總計虧了上千億。可見SWOT的謬誤，SWOT分析只是形成策略的第一步，很難靠SWOT贏過對手。除非在SWOT分析中看到競爭者看不到的趨勢。例如在1980年代，大家都知道半導體設備會愈來愈貴，晶片的密度會越來越密，但沒有人，只有張忠謀看到晶圓代工的機會。沒有洞見的SWOT分析只會造成普通策略（so so strategy）。

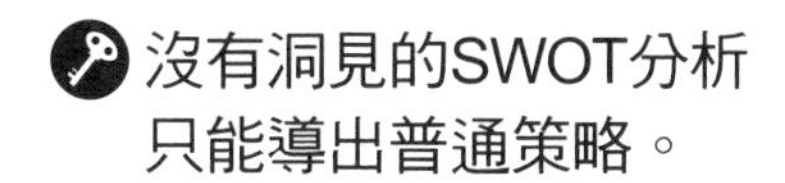

SWOT中環境分析只注重環境的趨勢，再高一段的策略是將環境分析擴充為競爭生態和價值網的分析，內部分析再進步到核心競爭力的分析，策略上的複雜性和多樣性會就此呈現，所得到的策略能兼顧到內部和外部的一致性。

五段的策略是比較常用但複雜的策略。犖犖大者為：

（1）**完整解決方案提供者（total solution provider）**：企業的問題通常要找不同的公司提供方案，例如企業財務的需要都是找不同的金融機構解決，要上市募資找投資銀行，長短期借款找商業銀行，產物保險找保險公司，金控公司有多種金融機構，可以提供公司財務完整解決方案。前面提到IBM也是採取對公司資訊部門提供完整解決方案的策略，但採取這個策略需要樣樣精通，又要作好各項服務的整合，不是容易的策略。

（2）**價值整合者（value integrator）**：價值整合者意指公司最主要的價值在於整合其他供應商的價值。例如波音公司只設計飛機，機翼、引擎、機椅、冷氣都是其他公司提供，在波音完成所有的價值創造活動，波音就是價值整合者。

（3）**平台策略(platform strategy)**：平台的創造商只打造平台，讓交易雙方能在平台上很容易的交易，創造價值，例如蘋果的iPhone就採取平台策略，讓iPhone的使用者在平台上購買下載應用程式。信用卡的Visa, Master card也是採取平台策略，讓消費者、商家和銀行共同在信用卡交易平台上交易。

最高段的策略是贏的策略（winning strategy），贏的策略是企業主苦思出的策略，必須要跳出傳統的思考窠臼所創造出的創新策略，而且是競爭者想不到或做不到的策略，韓國三星的策略就是典型的贏的策略。

三星從製造黑白電視機起家，過去二十多年中，三星的多角化策略是投資於具有下列三個特色的產業：第一，資本密集，需要持續的投資。第二，週期性的產業。第三，不需要基礎研究的產業。資本密集產業可以充分利用三星的資金優勢，這點毋庸置疑，但投資於資本密集又是高風險週期性產業，似乎是愚蠢的策略，因為景氣低迷時，資本密集產業固定成本高，容易虧損。可是這正是三星策略聰明之處。由於80年代初期，三星技術不如日本，歐美大廠，三星如何能贏過這些科技大廠？只是努力工作是不夠的，必須要有策略，三星看準這些歐美日大廠是股票上市公司，通常在景氣低迷時，為了保持現金流量的穩定，會降低投資於研發，三星趁著其他大廠降低投資研發的時候，反而加碼投資，拉近和歐美日大廠的技術差距，每一次景氣循環就拉近一點距離，長久以來，最後成為技術領先者。在TFT-LCD產業，甚至採取跳蛙策略，跳入下一代的產品，逼退美日的競爭者。

依此策略，三星在1983年英特爾退出DRAM那年，開始進入DRAM產業，1989年進入LCD產業，經過20年的長期耕耘、投資，成為全世界DRAM和TFT-LCD的龍頭，同樣的策略又用在Flash產業，有了這些產業的基礎，三星進入消費者電子才有一定的表現，創造出全球第20名的品牌價值。這和台灣只會用SWOT分析的DRAM產業在策略上高下立判。

韓國的成功不是偶然的，靠的是策略，努力和長期的承諾。當我們在問「韓國能，我們為何不能？」時，這個問題已經晚了20年。

所以贏的策略就是創新的策略。要贏過對手，在策略上的創新才是正途，但在策略上創新是國內企業策略上最大的罩門。

六、建構策略的活動系統

企業的決策環環相扣，決定了策略定位、差異化基礎、競爭態勢後，企業必須展開一系列複雜的活動來配合、執行企業的策略，這些活動都是緊緊相連，彼此在邏輯上有因果關係，環環相扣。這一系列的活動就是策略活動系統（strategy activity system）。由於這些活動有複雜的互動性，牽一髮而動全身，如果要模仿，一定要模仿

> 策略活動系統構成策略模仿障礙。

全部活動，模仿部分絕對無法達到策略的目標。因此企業的整體活動系統構成了策略模仿的障礙，也造成企業持久性競爭優勢。

策略活動體系中首先要確定策略重點，再由策略重點衍生出其他的策略做法，以世界最大百貨公司沃爾瑪百貨（Wal-Mart）的活動系統圖（如71頁圖2-1）為例，沃爾瑪百貨的策略重點是「由鄉村包圍城市」，大型百貨公司不去的偏遠小鎮，但只要單店最小經濟規模達到二百坪，沃爾瑪百貨就會設店。

在小鎮設店競爭壓力不強，人事成本與租金均低，但因小鎮只此一家，別無分號，產品售價與一般大城市相較提高了約7%，有別於其他百貨公司，沃爾瑪百貨貨品上以提供非衣服類的貨品，如榔頭、燈泡。這些hard goods種類不多，存貨可以降低，沃爾瑪還自設發貨倉庫與自有車隊，因此分店不需存貨空間，降低了空間需求，不僅降低存貨成本，還提高存貨周轉率，沃爾瑪百貨因此得以全面降低營運成本。

在行銷上沃爾瑪百貨揚棄過去百貨公司每週降價拍賣做法，強調不輕易Sale（大拍賣），天天都是最低價（every day low price），節省廣告成本，低成本支持低價位，但利潤率卻比同業高出50%。此外值得一提的是，沃爾瑪百貨善待員工，提供入股，員工也心甘情願服務顧客，願意防止店中遭竊，沃爾瑪百貨的偷竊損失是同業的一半，成套的活動構成沃爾瑪百貨獲利的基礎，40年來鮮有模仿者能「全盤」學會。美國的K-mart也要抄襲沃爾瑪百貨的策略，最後抄到倒閉。

許多公司對於策略，願景夸夸而談，大多是紙上作業，沒有導出策略行動系統，會導致策略無法執行。無法落實到各部門的層面。此外，策略行動系統的各種活動就是未來執行策略的績效指標。

事實上，長期定位、差異化構成的經營模式還要經過較精確的產業分析，環境趨勢分析只是第一步。例如亞馬遜網路書店的經營模式非常複雜，不是SWOT分析可以導出的。

SWOT分析只能當做策略規劃的第一步。

SWOT導出的策略，競爭者大概也可以分析出同樣的結果，又回到策略同質化的惡性循環。單單擬定策略定位之後，只能回答企業要做什麼，如何展開策略活動系統，但其後還有許多策略有待決定，例如競爭態勢、產品線的廣度、垂直整合程度、是否要阻絕競爭者進入等等，均有待進一步的分析。

圖 2-1 沃爾瑪百貨策略系統圖

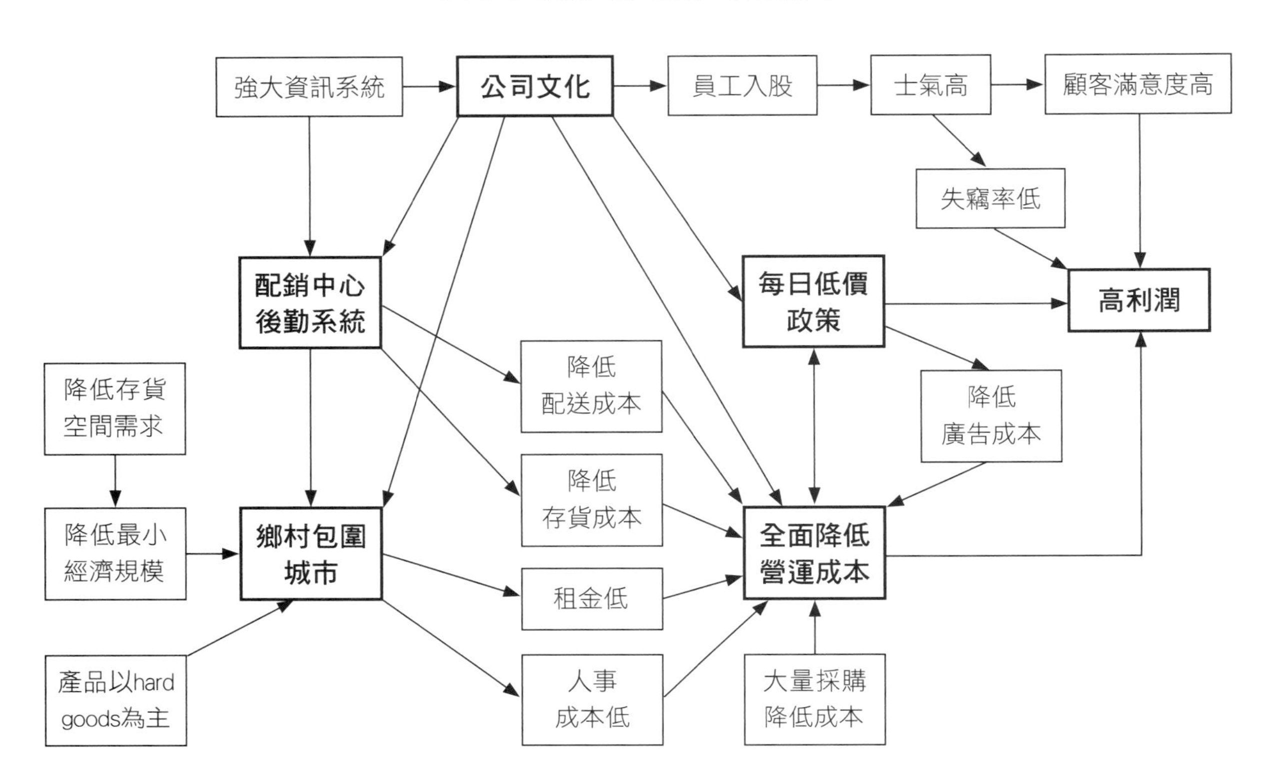

下面幾章會對競爭優勢、進入阻絕，有進一步的解析。下一章我們針對企業最重要的環境：競爭環境，做詳細的介紹。

七、結論

總而言之，策略就是企業決策體系上最高的決策，這個決策包含了策略定位、差異化，和競爭態勢三個要件，著重在企業的效能，而非企業的效率。至於如何導出適當的策略定位，形成差異化策略，並選擇適當的競爭態勢，則必須分析企業所處的競爭環境和企業本身的策略雄心和資源。高段的策略必須經過「苦思」的過程才可能導出他人無法事先看到和模仿的策略。所以CEO不僅是實幹家，都是思想家（thinker），下面的一章就介紹策略形成最重要的一步：分析企業的競爭環境。

本章精論

1. 策略的第一個要件是定位。

2. 策略創新即是新的策略定位。

3. 策略定位反映出價值創造。

4. 策略要避免同質化。

5. 競爭優勢創造差異化。

6. 沒有洞見的SWOT分析只能導出普通策略。

7. 策略活動系統構成策略模仿障礙。

8. 環境變化造成企業策略轉折點的到來。

9. SWOT分析只能當做策略規劃的第一步。

策略精論

基礎篇

第三章
競爭生態與產業分析

一. 界定產業的範圍

二. 產業分析模式

三. 產業分析和關鍵成功因素

四. 結論

* DRAM的需求－供給分析
* 完全競爭市場的「S-C-P命題」
* 原油的價格彈性
* 何謂先驅優勢？
* 鋼鐵業的產業分析
* 產業吸引力

企業的目標在於追求股東利益的極大化，賺取超過資金成本的利潤，但如何達到這個目標，就有賴於企業策略的選擇。然而，企業要如何選擇正確的定位、差異化和競爭態勢策略，以達到賺取超額利潤的目標，則要視產業的特性和企業本身的條件而定。從產業觀點導出企業競爭三個要件是「從外而內」的策略分析，從企業能力所選擇出的策略是「由內而外」的策略分析，企業在選擇策略時若能二者皆具最好。本章先進行「由外而內」的分析。

競爭分析是由外而內的策略分析。

基本而言，公司賺取超額利潤的來源有三：

（1）進入潛在利潤高的產業；

（2）降低產業的競爭強度，培養產業各廠商彼此合作的態勢，競爭不激烈，利潤也較高；

（3）採取競爭的策略，但在現有的產業中強化競爭優勢。

以上三種方式：產業的潛在利潤、合作的誘因、競爭優勢的建構等，均取決於產業的特性，因此，產業特性是決定競爭策略和能否賺取超額利潤的關鍵。舉例來說，產業利潤高的，進入障礙也高，企業採行的策略必須能破除進入障礙。因此分析產業特性即成為策略形成的第一步。

除了要確定產業特性，還要找出與競爭和績效有重要關聯的產業特性。例如，產業技術的變遷對於廠商的競爭有深厚的影響，產業分析就要找出技術變遷如何影響最小經濟規模及相對競爭優勢，從而影響產業集中度和成本結構，進而影響競爭的激烈程度，最後再導出產業內的贏家、輸家。因此產業分析是經過一連串的推導過程，意在釐清企業競爭環境各項經濟變數的因果關係，導出企業優勝劣敗的策略。經由環境分析所引導出的策略，還必須加上企業本身條件與競爭能力的考量，才能內外兼具，選擇出適合公司的策略。

圖 3-1 達成企業目標的過程

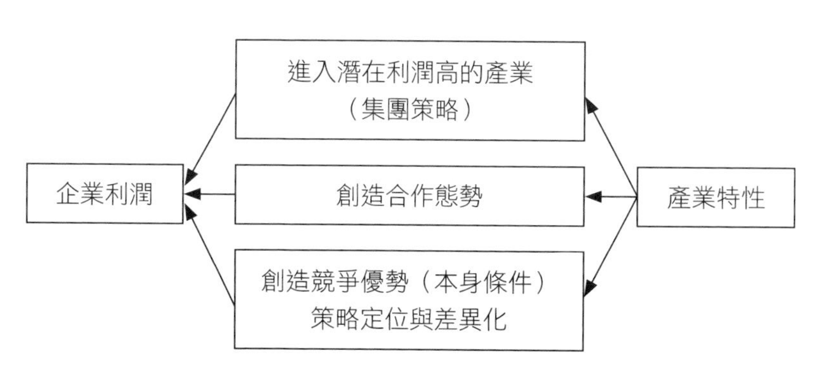

產業分析的目的有二：

（1）分析產業競爭的激烈程度，藉以推導出產業潛在的利潤；

（2）分析產業的關鍵成功因素（Key Success Factors）以及關鍵存活因素（Key Survival Factor）。企業根據這兩項KSF，再擬定策略定位、差異化和競爭態勢。

產業分析結果對集團策略如何選擇產業組合和競爭策略的形成，亦有極大的幫助。

競爭策略的目的在使公司的利潤極大化，可是公司的利潤又取決於產業的利潤和公司在產業中所處的競爭地位而定，因此擬定競爭策略必須分析產業本身的潛在利潤，以及公司本身的競爭地位。一個產業的潛在利潤，又取決於產業競爭激烈的強度。例如在完全競爭的環境下，產業當然沒有超額利潤可言；在一個獨占的市場中，產業當然有極高的利潤。因此，要分析競爭策略之前，必須了解有哪些經濟因素造成產業競爭或不競爭，這門學問稱為「產業組織」，或可稱為「產業經濟學」（Industrial Organization，簡稱I-O）。要了解產業是否激烈競爭，以及業者如何在競爭中求生存，就仰賴競爭生態（business landscape）的分析。

從策略的角度而言，競爭生態的概念很重要。簡單而言，競爭生態就是產業的價值鏈（value chain）或價值網（value net）中成員間利害關係和特性。例如PC（個人電腦）產業中，有微軟和英特爾這兩大巨獸，他們均希望能增加PC的銷售量，以增加他們的利潤。但要增加PC的銷售量，就要降低PC的價格，因此微軟和英特爾挾其幾乎獨占的市場地位，希望其他PC零件製造商降價，而作業系統與微處理器卻不降價，因此英特爾會製造甚至加速PC價值鏈上其他廠商間的競爭，把價格壓低。例如晶片組有了威盛，英特爾就培養矽統與之競爭，讓晶片組價格從50美元降到18美元，但英特爾的微處理器仍維持250美元不變。因為英特爾、微軟和PC價值鏈中其他廠商的利害關係相繫和相對地位不平等，因此造成PC產業淒苦的「微笑曲線」——英特爾、微軟雙頭利潤高，中間廠商利潤低，在PC產業這種競爭生態下，獲利不易，就算是高獲利，也是短暫的。

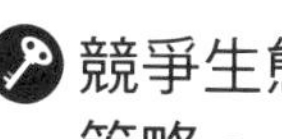

競爭生態決定企業策略。

台灣金融產業也面臨競爭生態的重組。金控公司出現後，原來單打獨鬥的證券公司、票券公司與銀行等，面臨提供整合產品的競爭者——金控公司，產業內企業的競爭法則、策略也因競爭生態的變化，均需重新擬定。

競爭生態的輪廓有了，企業便可依據競爭生態選擇策略以達到獲取利潤的目標，這和生物競爭的概念類似。在某些地理區域，有山、有水、有森林、有洞穴，生物在這個競爭生態中，各憑所能選擇生存策略互相競爭，物競天擇的結果決定哪些生物可以存活，哪些物種會絕滅。在阿富汗山區能存活的生物，發展出配合當地地理生態的生存技能，移植到台北市自然無法存活。企業也是一樣，要在不同的競爭生態中求生存，就一定要發展出適合其競爭生態的能力，才不致在競爭中絕滅。這裡所提到的競爭生態指的就是產業特性，例如市場成長率、需求特性、進入障礙等等。

產業分析的目的就在於確認產業特色所構成的競爭生態，根據產業的特色，分析不同產業特色對利潤的影響，再據之形成企業的策略。

分析競爭廠商的第一步是先了解產業的定義，才能對分析的對象有清楚的界定。

一、界定產業的範圍

要界定兩個相似產品是否身處同一產業，其實並不容易。舉例而言，漢堡和比薩看起來似乎是不同的產品，但事實上，這二者相互競爭，因為他們其實都是在同一個產業——速食業，都以快速的方法，滿足消費者的胃。因此要導出麥當勞的競爭策略，就必須了解速食業的競爭狀況，而不只是了解漢堡店的競爭狀況。所以進行產業分析的第一步，就是界定產業的範圍。

這可從需求面和供給面來看。從需求面來看，石油和煤都是同一個產業，因為這二個貨品都屬能源產業，如果石油價格上漲，煤價自然提高，因此從替代品或需求價格之間的關係，我們可以得出產業的關聯性。連動性高，就可歸類於同一市場。更明確地說，需求的「交叉價格彈性」（cross price elasticity of demand）可以反映出產業的關聯性。需求的交叉價格彈性高，產品就應歸於同一產業。

除了需求面的考量外，也可從供給面來看，供給可以相通的產品也該歸於同一產業。例如計程車和長途遊覽車也可算是相互競爭的產業，當長途遊覽車的需求增加時，計程車也會加入與其競爭。因此由需求與供給這兩方面來看，我們大略可以定義出產業的範圍。

定義出產業的範圍，不僅可以較準確地分析競爭生態，還可界定出誰是競爭者。中國時報的競爭者絕對不只是其他的報紙同業，凡是透過其他管道提供訊息者，都應是中國時報的競爭者。

網際網路興起之後，產業的界定日益困難，因為透過網路的媒介可以進入許多產業，例如微軟和福特汽車合資設立的網路銷售公司已經成為美國第二大的二手車銷售商，其他的二手車銷售商絕對不會想到，開發軟體的微軟會變成競爭者。銀行也怕微軟利用其在個人電腦軟體的優勢，設立網路銀行與其競爭。企業在定義產業時，除了注意原有的競爭者外，更不可忽略潛在的競爭者。

在確定產業的範圍後，接下來將介紹「需求－供給模式」、「產業經濟學模式」、「波特的五力模型」等三個產業分析模式，來預測分析產業潛在利潤、競爭和關鍵成功因素。

二、產業分析模式

（一）需求－供給分析

需求－供給均衡分析是最簡單的產業分析工具。產業的利潤決定於供需的不平衡，當需求大於供給時，價格上漲，所有產業內的廠商均能享受價格上漲的利益，產業利潤隨之上升。反之，當供給大於需求時，產業利潤則下跌。因此，企業的策略就在於掌握供需的狀況，企業的關鍵成功因素在於了解影響供、需不均衡的因子，再掌握機會，實現獲利目標。

適合這種分析的產業並不少，它必須是產品同質、沒有差異化的產業，而且廠商數目眾多，價格是購買決策的重要因素。農產品及基本金屬業均屬此類產業。但簡單供需分析並不足以對產業的動態加以掌握，必須要做更深入的分析。

DRAM的需求－供給分析

以動態隨機存取記憶體（DRAM）產業為例，DRAM是沒有差異化的產品，價格完全由供需決定。

從需求面而言，百分之七十的DRAM需求來自個人電腦，但DRAM的成本不過是個人電腦售價的百分之五，最高也絕不會高過百分之十。但是電腦若少了DRAM將無法運作，由此可見，DRAM的價格彈性低，換言之，DRAM的價格再高，個人電腦廠商也必須購買。據估計，當需求高於供給百分之五時，DRAM價格會上漲百分之五十，但當供給高於需求時，價格亦呈直線下跌。DRAM價格大起大落全視供需間是否均衡而定。

從供給面而言，DRAM生產的固定成本高（約占百分之六十），又有顯著經驗曲線效果（經驗曲線指的是生產成本會隨著累積產量而降低），DRAM廠商累積產量倍增時，成本會降三成左右。因此DRAM廠商有很強的誘因全能生產，而且只要價格高於變動成本，廠商就會不停生產。加上DRAM的設備又很難移作他用（例如不易轉做晶圓代工），因此退出障礙高。在DRAM產業中，只要產能大於需求，價格勢必大幅滑落，屆時廠商減產的誘因不高，又無法退出市場，弄得大家虧損不貲。

新的技術亦是影響DRAM供給的重要因素，尤其是晶圓的直徑，從六吋晶圓到八吋晶圓，再到十二吋晶圓，每一代新技術的出現都造成供給的大量增加。然而，在新一代的技術出現但尚未成熟前，廠商在舊技術上並不會增加投資，因此在新舊交接之際，供給的增加只能靠製程的改善。

但需求的增加和技術的變遷不一定吻合，從1993年到2000年，DRAM在每Byte的年增率是百分之七十，在1997年，從六吋過渡到八吋廠時，廠商不再投資而八吋廠尚未開張，造成青黃不接的情形，需求大於供給，價格立即暴漲，16MB的DRAM漲到45美元，次年（1998），八吋廠陸續落成，16MB的DRAM價格又回跌至4美元，這正造就了DRAM產業供給與需求多半失衡的特性，讓各DRAM廠出現「三年不開張，開張吃三年」的暴起暴落情況。而同樣的情形又會發生在八吋廠過渡到十二吋廠的時候。

決定DRAM的需求因素還有液晶螢幕的價格，消費者是根據本身的預算來購買PC，如果液晶螢幕價格高，PC廠商會降低DRAM的配置量以降低整體PC的成本。此外，在生產上快閃記憶體（NAND flash）是DRAM的代替品，如果快閃記憶體的價格高，廠商會將產能分配生產快閃記憶體，而降低DRAM的供給。因此液晶螢幕的價格和快閃記憶體的價格也會影響DRAM供給和需求。

從DRAM產業的例子可以看出產業特性對供需的影響，從而影響產業利潤。DRAM廠商的關鍵成功因素就在於投資的時機，在供需不平衡的機會中獲利。廠商的競爭生態就由技術的投資、需求因素、價格彈性等構面構成。廠商要在這種競爭生態中生存，製程技術和準確掌握投資時機是絕對必要的能力。2008年的金融危機造成DRAM需求和價格跌到谷底，開張吃三年的美夢破滅，到2010年時，台灣DRAM廠商已經累計虧損超過一千億台幣，從SWOT分析會認為，DRAM是台灣電子資訊業進入的好機會；但從產業分析觀點，這種競爭生態的產業是不值得進入的，尤其台灣廠商沒有策略只知抱頭往前衝，卻碰到三星的厲害的策略（見本書第二章），只好敗陣下來，這大概是大多數國內DRAM廠商所始料未及的。

供需分析只是產業的初步分析。

供需的分析只是初步的分析，影響供給、需求和競爭的因素還有很多，其中的因果關係又錯綜複雜，以下將介紹第二個產業分析模式，也就是「產業經濟學的分析」（I-O分析）。

（二）產業經濟學的分析（I-O分析）

第二個產業分析的架構是產業經濟學的模式。在定義產業範圍後，產業經濟學（I-O）可以用來解釋廠商的策略和產業的潛在獲利能力。

I-O的基本命題認為，產業特色可以分為兩類：

（1）**產業的基本狀況（basic conditions）**：是指天生的、牢固不破的產業特性，例如航空業需求有季節性，食品業價格彈性低，石化業生產技術是連續流程等等。這些特性不會受到產業中廠商行為影響而有所改變。

（2）**產業的市場結構（market structure）**：例如市場集中程度、進入障礙（barriers to entry）、產品差異化的程度、垂直整合等。

I-O認為產業的基本狀況決定了市場的結構，市場結構又決定了這個市場中廠商的做法及行為（market conduct），廠商做法行為又決定了這個產業的獲利以及它的績效（performance），這一連串因果關係的認定就是產業組織中的「S-C-P命題」（Structure-Conduct-Performance Paradigm，結構－行為－績效命題）。產業的基本狀況、市場結構、市場行為、市場績效的內容由下頁圖3-2所示。這些因素間的因果關係在每個產業均不一樣，因此每個產業的競爭生態、競爭策略均有所不同。企業在了解這些因果關係後，才能培養所需的能力，制訂適合的競爭策略。

產業分析最重要的是釐清各因素間的因果關係。

圖 3-2 產業組織的S-C-P命題

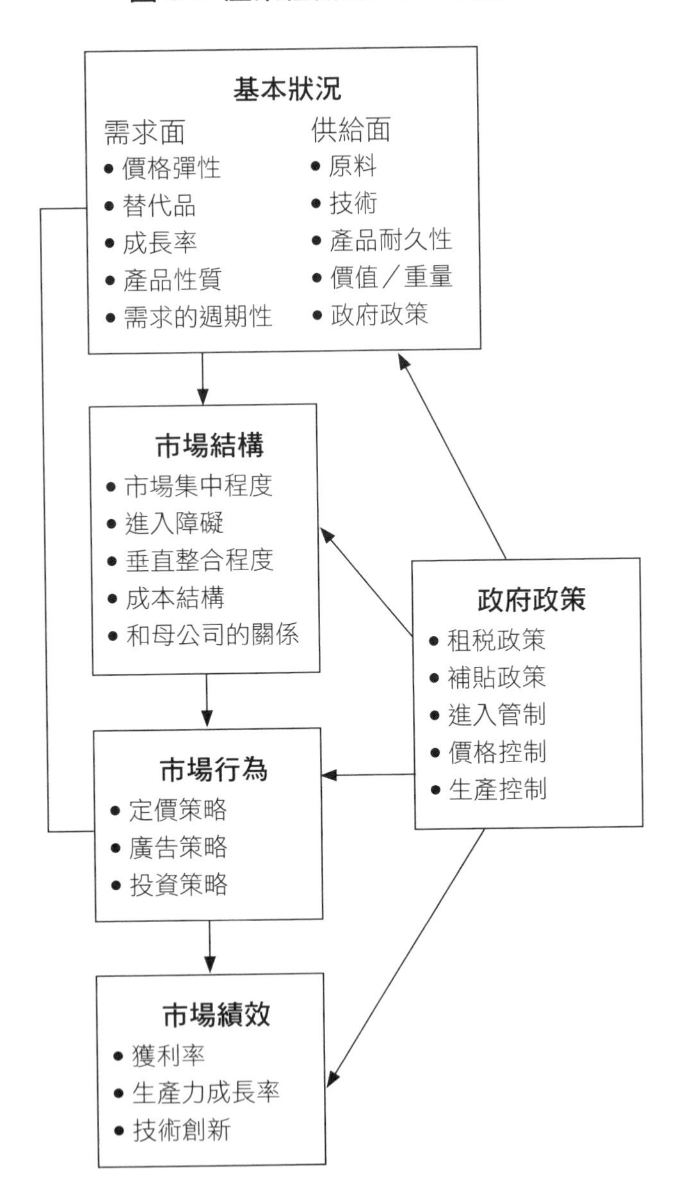

最簡單的例子是完全競爭市場。

完全競爭市場的「S-C-P命題」

- **基本狀況**：沒有進入及退出障礙、產品同質性高、廠商眾多。
- **市場結構**：完全競爭、市場集中度低。
- **市場行為**：廠商對價格沒有影響力，價格訂於最低的成本。
- **市場績效**：廠商的超額利潤為零。

完全競爭市場也是一種競爭生態，但是屬於完全競爭的產業很少，因此必須分析哪些產業的特性可以製造市場的不完全性（imperfections）。市場的不完全性使廠商有機會避免激烈的競爭，造成了獲利的空間，從而獲得更高的利潤。由S-C-P中的基本狀況和市場結構即可分析出市場獲利空間何在。

產業分析基本的概念是在於每個產業廠商的行為和績效都不一樣，保險業、銀行業、速食業這幾個產業差別非常大，因此企業的策略隨著產業不同而異。市場結構以及產業的基本狀況就是決定不同策略的重要因素。我們的重點在於分析基本狀況和市場結構各項因素對產業競爭的影響：廠商要增加還是減少競爭。茲分別討論如下：

1. 基本狀況

可以從產業的供給面及需求面著手，分析產業的基本狀況。就供給面而言，包含五個重要因素：

- **基本原料的取得**

取得基本原料的難易程度對產業有相當大的影響，例如煉鋁業、鋼鐵業、石化工業等，礦源的所有權對這些基本原料工業有深遠的影響，進而影響到整個市場的競爭性。石油工業就是一個最好的例子，由於油源集中在中東，因此石油輸出國家組織（OPEC）對世界石油產業的價格和發展極具主導力量，他日若新疆的準噶爾和塔里木盆地亦發現大量石油，且成為全球主要油源的話，石油界的競爭生態會大幅改變。同樣地，鑽石礦源集中在南非附近且為DeBeers所有，亦造就了DeBeers在鑽石業的起初的獨占地位。

基本狀況是產業天生的特性，廠商無法改變。

- **產業的科技**

產業的科技對於競爭狀況也有很大的影響。首先，產業的科技會決定產業的成本結構，如果產業的科技是屬於連續製造的方式，產業就必須花費大量的資金在自動化以及設備上，因此就會產生高固定成本、低變動成本的情形。這個情形在產業蕭條時，只要價格高於變動成本，廠商仍會持續生產，總產出未減少，競爭情形也會特別激烈，這正是產業科技會決定競爭程度的情況。

除此之外，產業的科技也決定了最小經濟規模（minimum efficiency scale），從而決定市場的集中程度（market concentration）。最小經濟規模是生產上能夠存活的最小規模，當產業的最小經濟規模愈大，市場能容納的廠商數愈少，市場集中度愈高。

- **產品的耐久性（durability）**

產品的耐久性愈久，表示目前生產的產品將成為未來在市場上的競爭者，產業的競爭也愈激烈。企業必須採取策略來控制自己未來的競爭者，例如廠商必須採行計劃性落伍（planned obsolescence）的策略來控制未來的供給。此外，產品的耐久性愈長，將來產品替換需求也愈少，因此改變了長期需求結構。例如英特爾的微處理器過於耐用，久用不壞的情況下，減少替換需求導致未來需求不振；美國製鋁公司也因為再生鋁的出現，因此將原生鋁的產量減少，以降低未來和再生鋁的競爭。

- **產品的價值和重量的比例（value/weight）**

如果產品的價值很高，例如超級電腦、藥品、半導體元件等，運輸成本占總成本的比例相當低，市場就會

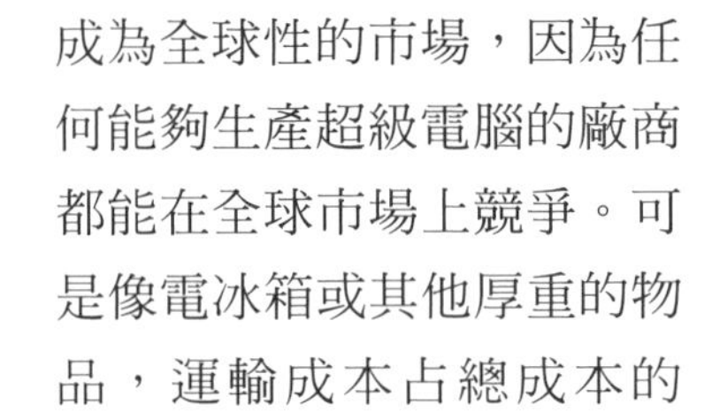

成為全球性的市場，因為任何能夠生產超級電腦的廠商都能在全球市場上競爭。可是像電冰箱或其他厚重的物品，運輸成本占總成本的比例較大，因此就會限制市場規模，進而限制競爭程度。因此，價值和重量的比例愈高，競爭的地理區域就愈大，競爭會愈激烈。

影響產業競爭的因素眾多，且不同產業影響競爭的因素也不同。

- **政府政策**

政府的政策對產業造成巨大的影響，此點毋庸置疑。因為上有政策，下要有對策，企業策略不得不隨著政府政策起舞。幾個非常重要產業，例如國內的金融業、石油業、鋼鐵業等，都受到政府政策的影響，競爭策略及競爭程度自然有所不同。

從需求面來看，也包含五個重要因素：

- **價格彈性**

價格彈性指需求變動和價格變動的比例。價格彈性高，降價容易搶到比較多的顧客，競爭也較激烈；價

格彈性低，降價所獲得的利益有限，競爭也較不激烈。價格彈性觀念很容易了解，運用到實際上卻不容易。

原油的價格彈性

以原油價格為例，從1972年每桶價格3美元，1974年第一次石油危機價格升到12美元，1979年第二次石油危機價格漲到24美元，到1982年一桶36美元，但1986年又降回一桶10美元，1990年後，則維持在20美元左右。1992年出現中東危機後又升為一桶40美元。到底有什麼因素可以來解釋石油價格的波動呢？一方面當然是石油輸出國家組織（OPEC）聯合壟斷價格。可是為什麼在1982年後，石油輸出國家組織就沒有辦法維持那麼高的價格？最主要的因素就是兩種彈性交互作用，一種彈性就是長期和短期的價格需求彈性，另一種則是生產彈性。

石油的價格彈性在短期之間很小，因為石油是民生必需品，短期內的廠商無法替換消耗的能源，好比消費者無法替換耗油的汽車，因此短期價格彈性較小（估計為-0.07）。由於短期價格彈性少，所以當石油價格突然增加時，消費量減少的有限，石油輸出國家組織自然能賺取很高的利潤。但長期需求彈性就不一樣了，當石油價格長期看漲時，廠商會更換能源不經濟的設備，汽車商會開發省油汽車，因此長期需求會減少，筆者的研究顯示，石油的價格彈性過了7年以後，彈性就大於1，這就表示，如果石油價格上漲1%，7年以後就會少1%的需求。因此短期內石油輸出國家組織可以提高油價，需求不致減少，利潤也增加，油價在10年間可以從3美元漲到36美元一桶，但長期而言，到了1982年以後，全世界需求受到長期高油價的影響趨於疲軟，石油輸出國家組織再也沒有辦法控制自己的價格，因此價格一路滑落到18美元。

同時，供給彈性的效果也發生影響，由於石油價格高昂，石油公司在全世界各處尋找新的油田、油井好進行開發。但新的油田、油井生產成本較高，除非油價高於生產成本，否則實際上這些油田並不會加入生產，這些油井稱為邊際油井。當石油價格上漲，邊際油井變得比較經濟，會產出石油與石油輸出國家組織的國家競爭。當價格滑落，這些邊際油井就關閉。因此邊際油井的生產成本就成為油價的底限。

在長期需求彈性與長期供給彈性的影響之下，石油價格就跌到1982年的一桶18美元之下，而且從那時開始，石油的價格就很少上漲，就是受到需求彈性以及供給彈性的影響。

根據上面的解釋，我們可以說明石油的價格在伊拉克危機之後，最高也不過25美元一桶，直到2000年後，受到中國，印度，等開發中國家的需求高漲，油價才開始上揚到七八十美元一桶。到了2011年利比亞危機出現，由於利比亞的原油產量只佔全球的2%，從短期價格彈性0.07來算，油價只會漲百分之三十，到110美元，就會減少2%（0.07*30%=2%）的需求，這和事實相去不遠。

上述的例子可以看出需求彈性和供給彈性可以解釋石油價格在過去30年的變化。筆者在1985年開始在伊利諾大學教書時即以此為例，說明需求彈性為競爭生態中重要的一環，後來油價的變動確也證實了這一點。

當其他因素不變時，價格彈性愈高，降價的誘因增強，廠商降價會創造更多需求，產業競爭會愈激烈。

- **替代品**

航空業與運輸業互相競爭，計程車業與公共汽車業也是互相競爭的，租屋業和建築業也是互相競爭的。有替代品的產業競爭比較激烈，潛在利潤也比較低。

- **需求成長率**

市場成長率隨產品生命週期的不同而異，在介紹期和成長期，由於市場成長率較高，競爭比較不激烈，到成熟期和衰退期時，市場成長趨緩，競爭會趨於激烈。市場成長率在每個產業都不大一樣，因此對競爭激烈程度的影響不同。

- **產品性質**

有許多產品是屬於便利貨品（convenient goods），例如牙膏、洗髮精、原子筆等。有些產品本身是屬於經驗貨品（experience goods），換言之，消費者必須有消費經驗之後，才知道產品的品質，例如課程，上過課才知品質好壞。有些產品則是選購貨品（shopping goods），例如汽車、電視，也就是說，消費者必須花時間搜集訊息，然後再決定購買哪一種產品。

產品不同，廣告的效果也不同。根據研究結果，廣告對選購品的影響比較少，對便利品的影響比較大，這表示消費者自行尋找選購品的訊息，而不須依賴廣告來做購買的決定。便利品則因為常為衝動型購買（impulse buying），消費者常依賴印象購買，而廣告對產品印象的塑造較重要。因此，廣告對便利品產業利潤的影響較為顯著，也成為便利品產業的關鍵成功因素。

- **需求的週期性**

產業的需求是不是有週期性（cyclicality），也會影響競爭情況。例如航空業在一年內有淡季和旺季之分，通常旺季價格競爭不激烈，淡季會比較激烈。但有時因為淡季的競爭破壞了彼此的默契，到了旺季反而會殺價競爭。但也有可能在旺季形

產業分析的藝術在於界定各產業經濟要素間的因果關係。

成默契而減少產業的互相競爭。因此，需求的週期性對競爭強度的影響，除了彼此的默契外，還要看成本結構、產業歷史等其他因素的考量。基本而言，有需求週期性的產業，競爭會比較激烈。

由以上的分析可以看出，每個產業的特性均不一樣，同時每個產業特性在該產業的重要性也不同，產業分析的藝術就在於界定和廠商策略與績效有關的產業重要特性，這些產業特性就構成競爭生態的基礎。這些基本狀況更從而決定了市場結構，在下一節會有較詳細的解說。

2. 市場結構

以上所談的產業基本狀況將會進而影響到市場結構，市場結構包括下列幾個因素：

- **市場集中度（concentration）**

  包括廠商的數目與規模大小分布的狀態，如果產業只有少數幾家廠商，這個產業就屬於寡占產業，如果產業中廠商的數量很多，產業就近乎於完全競爭的市場。在不同的市場結構下，廠商的訂價行為與競爭策略完全不一樣。最大的不同在於寡占市場的廠商之間有互相依存性（interdependencies），舉例而言，如果只有A、B兩個廠商，廠商A的訂價與廠商B的訂價就互相關聯，因此，市場集中度愈高，廠商的相互依存度愈高，降價競爭的可能性較低，競爭程度較低，在其他因素不變的情況下，產業的利潤也愈高。產業集中度的量度指標適用HHI（Hirschman-Herfindahl Index）：

$$HHI = \sum Si^2 \times 10,000$$

Si為個別廠商的市場占有率。

就HHI而言，廠商少，HHI較高，如果一個產業有四家廠商，每家的市場占有率分別是50%、20%、20%、10%，產業的HHI是3400（$50^2 + 20^2 + 20^2 + 10^2$）。若每家的市場占有率均是25%，HHI是2500（$25^2 + 25^2 + 25^2 + 25^2$）。因此HHI不只反映廠商的數目，還可以反映廠商的規模分布。

產業的進入、退出障礙決定產業的競爭程度。

- **進入障礙**

市場集中度又會受到其他因素的影響，最重要的就是進入障礙（entry barriers）。產業的進入障礙指的是新廠商進入新產業時，和現存的廠商間成本、風險或競爭優勢的差別。現存的廠商通常享有很大的競爭優勢，這些競爭優勢又由下列幾個因素所構成：

（1）**規模經濟（economies of scale）**：在規模經濟大的產業（例如汽車，鋼鐵，半導體產業），廠商的數目也少，潛在廠商要進入這個產業比較困難。

（2）**先驅優勢（first mover advantages）**：第二個進入障礙包括了許多因素，這些因素總稱為「先驅優勢」。先驅優勢指的是：先進入產業的廠商比後進者享有成本的優勢。

何謂先驅優勢？

先驅優勢包括下列幾種利益：第一就是經驗曲線，經驗曲線就是指直接成本隨著累積的數量而降低，因此，先進入產業的廠商可以較後進入者先隨著經驗曲線降低成本，因此先進入廠商就享有先驅優勢；第二是分配通路，一個新進入產業的廠商，要打開新的分配通路，通常比較困難，因此現存的廠商享有競爭優勢；第三是原料的擁有和供應商關係，先進入產業的廠商先建立和供應商的關係，比較容易擁有原料的供應，後進入的廠商較難跟進。

另外還有使用者的轉換成本（user switching costs），這一點在電腦業非常重要。由於消費者有轉換成本，消費者習慣於第一個廠商的產品，很難轉換到後進廠商的產品，因此現有的廠商享有競爭優勢。「先鋒品牌優勢」（pioneering brand advantages）也是先驅優勢，研究發現，先鋒品牌享有顯著的利益及市場占有率，利潤率也比後來進入的品牌高。最後就是產業中利基（niche）並不是無限多，因此先進入的廠商就在產品空間上享有先占的優勢，像地點的選擇就是很好的例子。美國星巴克（Starbucks）在咖啡店中是先鋒品牌，在購併美國地區的西雅圖咖啡後，即在產業中建立領導地位，其他咖啡連鎖店無法追趕。其他如專利、產品標準的設定等均是先驅優勢。

（3）**產品差異化（product differentiation）**：這裡所指的主要是認知上的產品差異化（perceived differentiation），並不是實質差異化（physical differentiation）。認知上的產品差異化是由品牌印象所造成的，而品牌印象又來自使用者過去累積的經驗及廣告的效果。由於產品差異化，後進入的廠商比較難打入市場，也比較難改變消費者對原有廠商的忠誠度，以上幾點都造成現有廠商比潛在競爭者更具競爭優勢。例如學校的名聲可以說是認知產品差異化的最佳範例，美國MBA名校排名，二十年來變化很小，前十名幾乎沒有變化，這正是認知上產品差異化的結果。

- **成本結構**

成本結構意指固定成本對於變動成本的比例，這一點在競爭上非常重要。如果固定成本過高，競爭就會比較激烈，因為只要價格大於變動成本，廠商就會繼續生產。因此在產業不景氣時，殺價競爭成為慣例。但另一方面由於固定成本龐大，廠商數目比較少，比較容易創造合作的氣氛。因此，固定成本高的產業，短期會激烈競爭爭取客源，長期則會形成恐怖平衡，降低了產業競爭強度，因此固定成本高的產業不是殺價競爭血流成河（例如航空業、DRAM產業），就是造成恐怖平衡，不隨意殺價競爭（例如鋼鐵業、專利藥藥廠）。

固定成本與變動成本結構，亦會影響競爭生態。

- **垂直整合程度**

垂直整合指的是產業中上下游的控制權屬於同一家公司。例如統一集團旗下的7-Eleven即是一例，統一原本經營食品業，集團卻進入行銷通路7-Eleven，進行上下游整合。垂直整合對競爭的影響尚難斷定，垂直整合會增加廠商的固定成本與短期競爭，但由於垂直整合，廠商可以採取鎖喉策略（foreclosure，見《進階篇》第五章），將競爭者的通路斬斷，一旦競爭者沒有通路，就會被排除在市場之外，新進入廠商也無法進入，會減少長期競爭。

- **和母公司的關係（conglomerateness）**

  很多企業都是大企業的子公司，由於有母公司的財務資源奧援，子公司的在競爭上會採取較激烈的手段，競爭形態也不一樣，這就是「深口袋理論」（deep pockets）。另一方面，因為有母公司做靠山，其他競爭者因為懼怕母公司在其他市場的報復，反而不敢和有母公司的子公司激烈競爭，這是「影響領域理論」（sphere of influence）。因此母子公司關係對競爭的影響還要看其他因素才能決定。這一點在談論多角化時會再仔細討論。

3. 競爭生態

廠商的競爭生態就是由前述的產業基本狀況和市場結構所構成的。除非廠商的規模極大，或掌握產業重要資源，足以改變市場結構，否則，廠商的策略必須適合企業的競爭生態。廠商的策略決定了廠商在市場上的行為，例如訂價策略、投資策略、產品策略、廣告策略以及各式各樣的實務，市場結構直接或間接影響到這些競爭策略。例如在網際網路產業，固定成本高，又有網路外部性，邊際成本隨著產出下降，在這樣的競爭生態下，廠商的策略就是「迅速坐大」（Get Big

> 不同產業的競爭生態不同，因應策略亦不同。

Fast, GBF），儘量獨占鼇頭，才有生存的空間。簡而言之，企業的競爭策略，第一步是要跟著產業的競爭狀況而定，產業的競爭狀況又根據產業的基本狀況跟市場結構所決定。因此要分析一個企業的競爭策略，第一步就是進行產業分析。包括需求、供給和競爭面的分析，用以精確了解產業的競爭生態。

前面介紹了許多決定競爭的因素，廠商在這麼多的因素中不太可能面面俱到，而且這些因素的因果關係錯綜複雜，使得產業分析甚為困難。解決這問題的答案在於找出決定產業中競爭的關鍵因素，由於產業的不同，各產業看重的競爭因素亦不同。

比方說，對國內製藥業而言，和醫生的關係是否良好是製藥業者間最主要的競爭方式，而在國外製藥業間最重要的競爭方式就是專利的取得；在鋼鐵業中，製程科技的變化及上下游之間的關係是影響競爭的重要因素；對電腦業而言，最重要的因素就是產品的技術、相容性，以及使用者的轉換成本，因此產業分析的重點（或者說產業分析的藝術），就在於如何選擇關鍵的因素，以及如何考量這些因素和企業行為，找出必然的因果關係。以下將以鋼鐵業為例，說明詳細的產業分析行為做法。

鋼鐵業的產業分析

美國鋼鐵業在1950年代叱吒全球，到了1980年代反而成為進口保護對象，這其來有自，產業分析將可提供答案。

「製程技術」主導了鋼鐵業的動態競爭，鋼鐵之所以成為廣泛使用的工業原料在於其特殊的彈性和韌性，為了要達到理想的特性，煉鋼的過程中必須加上不同的元素（例如磷、碳等）；但另一方面，又需要除去鐵礦砂中的雜質，以產生適應不同用途的鋼品。因此，煉鋼是製程密集的產業。首先，將鐵礦砂和焦炭一起在高爐中焚燒，去除鐵礦砂中的部分雜質，再將高爐燒出的鐵水注入煉鋼爐，吹入氧氣，利用氧化作用將鐵水純化成鋼液，再將鋼液通過連鑄機形成鋼胚，鋼胚經過軋鋼的過程成為最終產品，這是一貫作業大鋼廠的製程。

鋼鐵製程技術造成了鋼鐵廠必須垂直整合，從高爐到軋鋼一貫作業，垂直整合又造就了規模經濟，目前大鋼廠的最小經濟規模是年產一千五百萬噸，經濟規模導致廠商數目減少，產業的合作態勢比較容易經營。垂直整合也造成鋼鐵業的固定成本高、邊際成本低，固定成本高，勞工罷工會造成公司極大的損失，因此，勞工組成公會後，動輒以罷工做為增加工資的手段，造成美國鋼鐵業成本高昂。

圖 3-3 鋼鐵業的產業分析

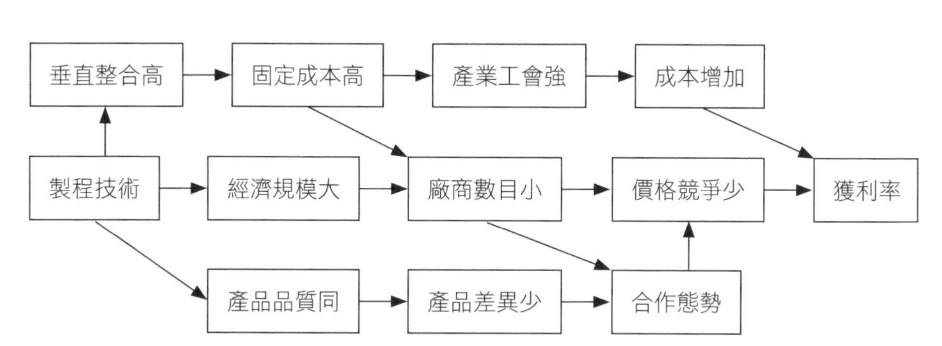

鋼鐵業由於製程技術雷同，產品品質沒有顯著的差異，容易造成價格競爭，但又因為固定成本高，價格競爭會造成重大損失，因此，美國鋼鐵業長期會形成價格謀合的現象，且又有美國鋼鐵公司（U.S. Steel）當龍頭統合價格的設定，市場可說是秩序井然，價格競爭的情形很少。因為價格不競爭，美國司法部也曾起訴鋼鐵業違反反托拉斯法，但此調查因為第二次世界大戰爆發而停止。

> 製程技術主導了鋼鐵業的發展。

美國鋼鐵業在1960年後為何會衰退呢？製程技術又扮演了重要的角色。1960年後，高爐的規模急速加大，從一天一千六百噸增加到一天一萬噸鐵水的產能，煉鋼爐也由八小時煉六百噸的平爐（Open Hearth Furnace），進步到不到半小時就能煉三百噸的轉爐

（Basic Oxygen Furnace）。美國的鋼鐵業為了打韓戰，在1950年代初儘速擴張產能，擴張時，採用當時最進步的設備：日產一千六百噸的高爐，六百噸的平爐，但面對1960年代的轉爐和高爐，美國鋼鐵公司即無誘因採用。因為原有設備雖然技術上落伍，但以前投資成為沈入成本（sunk cost），新設備卻所費不貲，即使新設備的生產成本低，鋼鐵價格低於舊設備的平均成本，舊設備廠商仍無誘因採用。因此，當日本鋼鐵業極力用新設備降低成本，即使運費高昂，還是能以新設備製造出低成本鋼鐵打敗美國鋼鐵業。到了1970年代，韓國鋼鐵業以其人之道還治其人之身，以連鑄機（continuous casting）進入鋼鐵業，日本的優勢再被韓國趕上，鋼鐵業景況大不如前。

從鋼鐵業的分析可以看出，在技術持續進步之下，可以採用跳蛙策略（leapfrogging）：以新技術進入產業，而現有廠商因有舊技術的包袱，將無法因應。這就有如日本半導體業在1970年代末期，以CMOS技術切進，打敗了美國的業者是類似的做法。

產業分析解釋了產業的動態競爭，是策略形成的第一步。但要確定重要變數、競爭的動因（driver），並釐清其中的因果關係，畫出產業分析圖，卻是在擬定策略時最大的挑戰。

（三）波特的五力模型（Porter's Five Force Model）

以上的產業分析過於複雜，很難為一般經理人員所接受，哈佛大學的波特教授因而將上述產業結構的因素，以及產業的基本狀況加以簡化，推出五種競爭力模型，如下頁圖3-4所示。波特的五力模型主要是在預測一個產業的競爭狀況和潛在利潤（potential profit）。產業的潛在利潤受到五種競爭力的影響，第一是購買者的交涉能力，如果購買者的談判籌碼（bargaining power）強，供應商的利潤自然較小，而且購買者還有往後垂直整合的可能，如果垂直整合的可能性高，產業的廠商也會遭受到比較大的競爭壓力；第二就是供應商的交涉能力，以及供應商是否有能力向前垂直整合，進入生產者的產業。

除此之外，廠商還必須要和它的替代品競爭，並要隨時提防潛在競爭者的進入，以及和目前已經在產業的其它廠商競爭。在這五個競爭壓力之下，廠商必須要導出策略來推持企業持久的競爭優勢（sustainable competitive advantage）。在五力模型的分析下，策略的目的不外乎降低本身產業中的競爭，增加對供應商和購買商的談判籌碼，防止潛在競爭者之進入等。

圖 3-4 波特的競爭力分析

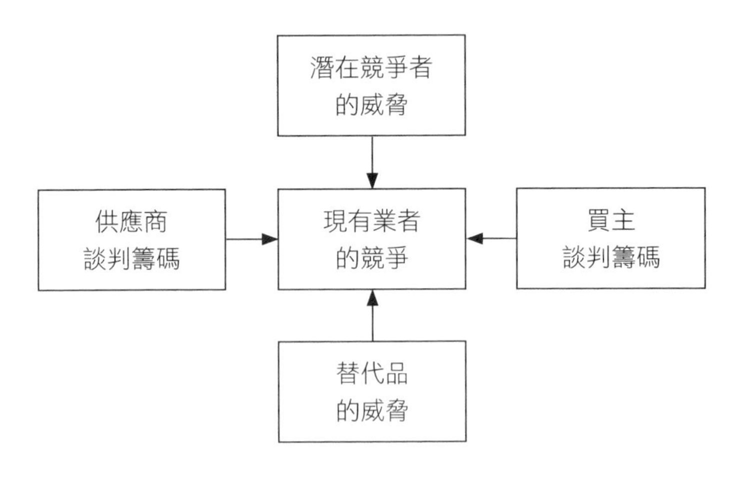

資料來源：Porter, M., Competitive Strategy, 1980, Free Press.

在波特提出的競爭模型中，很重要的一點就是潛在競爭者：買主、供應商是否有能力做垂直整合，進入這產業，此部分又是前面所討論到的產業進入障礙而決定的，因此波特的五種競爭模型，其實與我們前面所講的產業分析的「S-C-P命題」是類似的。決定這五個競爭力的因素還是產業的基本狀況和市場結構。

五力模型是S-C-P的簡化版本。

產業吸引力

從五力分析的模型，波特提出產業吸引力（industry attractiveness）的概念，產業吸引力指的是產業的潛在利潤，換言之，就是指在五力互相角力均衡的狀態下，產業的利潤是高還是低。如果產業的利潤高，就會吸引競爭者進入，造成產業競爭增加，而大買主知悉產業利潤高，亦會壓低價格，降低產業利潤，供應商也會提高售價，寄望在產業的利潤大餅中分一杯羹，還有的競爭者會研發出替代品攻佔市場。綜合言之，產業的高利潤會吸引諸多競爭力量競食，產業是否有足夠的力量來抵抗各方的競爭，就決定了產業未來潛在的利潤，潛在利潤高，產業的吸引力就高。

台灣筆記型電腦產業即是一例。80年代末期，正是筆記型電腦萌芽初期，成長率高，工業技術研究院為了造就台灣的筆記型電腦產業，在研發出筆記型電腦的基本機型後，採取廣泛授權策略，而數百家廠商看到筆記型電腦的成長潛力，亦爭相投入，競爭非常激烈。

製造電子計算機的金寶電子進入創設仁寶電腦，製造桌上型電腦的宏碁、大眾、神達也進入筆記型電腦產業，激烈競爭下，兩年以後只有少數公司存活下來，但存活的公司又面臨嚴峻的考驗。首先，台灣的筆記型電腦製造商，均沒有品牌，是以代工為主，面臨的買家都是超大型的電腦公司，例如惠普、康柏、SONY、IBM，這些買主議價能力高；而筆記型電腦的重要零件如CPU、液晶螢幕、硬碟等，均是由大型製造商供應，供應商的議價能力亦高，因此從波特的五力模型而言，筆記型電腦產業的潛在利潤應該不高，但廣達、仁寶、英業達等卻在九零年代享有高利潤，這和五力模型的預測大不相同。這是由於筆記型電腦技術變遷快，設計上有規模經濟，筆記型電腦製造商除了生產上的附加價值外，還有設計上的利潤，加上單價高，資產周轉率高，銷售利潤雖不高，但股東權益獲利率卻不低。在筆記型電腦廠商股票尚未上市前，買主不知其利潤多寡，但股票上市以後，財務報表公開，若利潤太高，買主會殺價，因此長久而言，筆記型電腦的潛在利潤應該不高。高利潤的時代只是暫時的。到了二十年後，利潤率只剩3-5%，還是符合五力分析的預測。

產業的吸引力可以用波特的五力模型來分析，而波特的五個競爭力又是由進入障礙、市場的集中程度、垂直整合的市場結構等因素所決定，再加上產業的基本狀況分析，例如成長率、價格彈性等，才會對產業的競爭狀況，以及產業吸引力有全盤的了解。

三、產業分析和關鍵成功因素

產業和競爭生態的分析可以導出決定產業競爭的因素，也可以導出產業關鍵成功因素，例如在美國造紙業中，廠商的機器設備雷同，紙品的品質差異不大，價格由供需決定，個別廠商無法影響價格，利潤的動因（driver）來自成本，重要的成本動因是紙漿。紙漿由樹木製成，紙業公司因而進行垂直整合，經營本身的森林，因此美國造紙業的關鍵成功因素是提高樹木轉換為紙漿的產出率，各紙業公司競相利用基因工程改變樹木紙漿含量。同樣的，晶圓代工產業經濟規模巨大，進入障礙和技術門檻都高，雖然固定成本高，但因為競爭者少，不容易產生價格戰關鍵成功因素在於產能利用率、良率（yield rate）和技術領先程度。因此晶圓代工公司的策略就在於追求技術領先，在新技術下，追求經驗曲線，增加新技術的良率，再降價競爭，增加產能利用率。

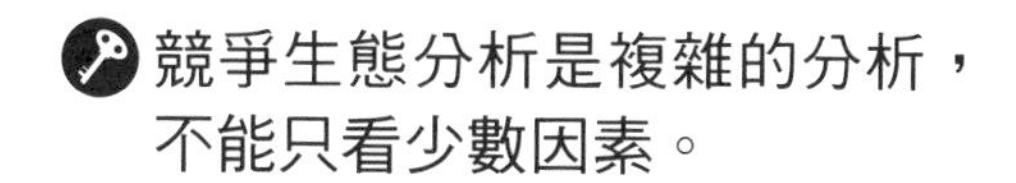

傳統的策略管理認為，各產業均有關鍵成功因素，只要作好這些關鍵成功因素，公司即可獲得較高的利潤。但是，競爭者也會模仿、重製產業的KSF，當產業中的競爭者均複製KSF，關鍵成功因素即成為關鍵存活因素（KSF, Key Survival Factors），例如電腦業逐步走向全球運籌管理（global logistics），這是電腦業的關鍵成功因素，但等到大部分廠商均模仿成功，KSF即成為關鍵存活因素，不會做的廠商即遭淘汰出局。因此廠商需要不斷的尋找新的KSF。

四、結論

本章借用生物學上生態的概念來說明企業競爭的環境。生物互相競爭以求生存，企業也必須在激烈競爭的環境中生存，生物因應不同的環境發展出不同的生存本領，在阿富汗多山地形能生存的動物，搬到台北市的水泥叢林即不可能生存，同樣地，不同產業創造利潤的方式亦不同，企業形成的競爭策略也要因應調整，因此，在擬定企業競爭策略時，第一步就是要分析企業的競爭生態。

企業的競爭生態由產業的基本狀況和市場結構所構成，這些因素對產業潛在利潤有決定性的影響。但這些因素的重要性會隨著產業不同而變化，如何找出影響競爭的關鍵因素，再釐清彼此間的因果關係，是了解競爭生態的不二法門。簡單的波特五力分析模型也可以達到同樣的目的。這是「由外而內」的策略分析。

在分析完企業外在環境後，下一章將剖析企業本身條件和競爭優勢的形成，這是「由內而外」的策略分析。

本章精論

1. 競爭分析是由外而內的策略分析。
2. 競爭生態決定企業策略。
3. 供需分析只是產業的初步分析。
4. 產業分析最重要的是釐清各因素間的因果關係。
5. 基本狀況是產業天生的特性，廠商無法改變。
6. 影響產業競爭的因素眾多，且不同產業影響競爭的因素也不同。
7. 產業分析的藝術在於界定各產業經濟要素間的因果關係。
8. 產業的進入、退出障礙決定產業的競爭程度。
9. 固定成本與變動成本結構，亦會影響競爭生態。
10. 不同產業的競爭生態不同，因應策略亦不同。

11. 製程技術主導了鋼鐵業的發展。

12. 五力模型是S-C-P的簡化版本。

13. 競爭生態分析是複雜的分析，不能只看少數因素。

策略精論

基礎篇

第四章

組織能力與競爭優勢

一. 企業資源

二. 組織程序和組織文化

三. 組織能力

四. 競爭優勢

五. 結論

* 諾基亞新產品的發展程序

* 美國航空業提供「最適」品質的訂位服務

企業能夠永續經營、成長、獲利、提高公司價值，一定是採取企業本身能力及條件能和經營環境互相配合的策略。因此策略的形成可以採取「由外而內」或「由內而外」的途徑，「由外而內」是從競爭生態的分析開始界定KSF（關鍵成功因素），分析競爭的動因，再制定競爭策略，在第三章已詳細討論「由外而內」的策略，但是到底是企業環境重要？還是企業本身能力重要？以前的策略管理著重在如何選擇進入潛在利潤高的產業，認為進入之後，產業的結構及廠商的行為會保護產業的利潤，企業只要採取配合產業競爭生態的策略，即可高枕無憂，享受產業結構帶來的高利潤。在穩定、進入障礙高、市場集中度高的產業，這個論點毋庸置疑，只是這種產業並不多。在大多數的產業中，企業並不能長期擁有豐厚的利潤，其主要有兩個原因：

（1）企業競爭生態並非一成不變，技術與需求會改變，競爭生態即會產生變化，而當競爭生態產生變化時，對產業內各企業的影響並不一致。有些企業會應付變革，有些不會，其中的差別就在於企業的能力（capabilities）。例如面對資訊革命時，資訊能力較強的公司比較容易生存。也就是說，企業能力決定了生存條件，因此只是進入潛在利潤高的產業，並不能確保企業未來的成功。

（2）利潤高的產業一定會引起他人覬覦，吸引其他競爭者進入，雖然有進入障礙，進入者還是可以經由購併的方式進入。企業一定要有能力保護本身的競爭優勢，因此，企業要基業長青，追根究柢，關鍵還是在於企業本身的能力能否勝過對手。機會雖然重要，但機會並不會常常出現，除了等待機會外，企業要長期生存，一定要和生物一樣，發展出獨特的能力。總結來說，擁有勝過競爭者的能力，企業才能維持其競爭優勢。

企業要有獨特能力才能維持其競爭優勢。

第三章介紹了如何分析經營競爭環境。這一章將介紹企業如何發展企業能力，同時如何將企業能力轉換成競爭優勢。

有組織能力（organization capability）方有競爭優勢，但有競爭優勢並不表示就有組織能力。有許多競爭優勢來自於市場現有的地位，例如市場占有率、品牌先占優勢、消費者轉換成本等。但如果沒有組織能力（例如產品設計能力、吸引與留住最優人才能力、降低成本能力等），遲早還是會失去市場地位和市場占有率。本章的目的就在於介紹組織能力形成的過程。

企業即是組織，CEO在茲念茲的是所經營的組織有哪些生存的能力，要建構哪些組織能力，簡言之，CEO的責任除了體認競爭生態的變化外，更重要的是在於建立組織能力。

組織能力和策略的關係如圖4-1所示，首先，企業擁有財務、人力資源，透過組織的程序及文化將資源轉換成獨特的能力，根據能力進而在市場上建立競爭優勢，有了競爭優勢，企業再依據競爭生態擬定競爭策略，創造企業績效，企業績效的具體成效反應在財務資源，企業再利用財務資源將其他有形、無形的資源轉換成企業能力，如此循環以往，企業才能穩健生存並成長。

建構組織能力是CEO的首要任務。

圖 4-1 組織能力與策略的關係

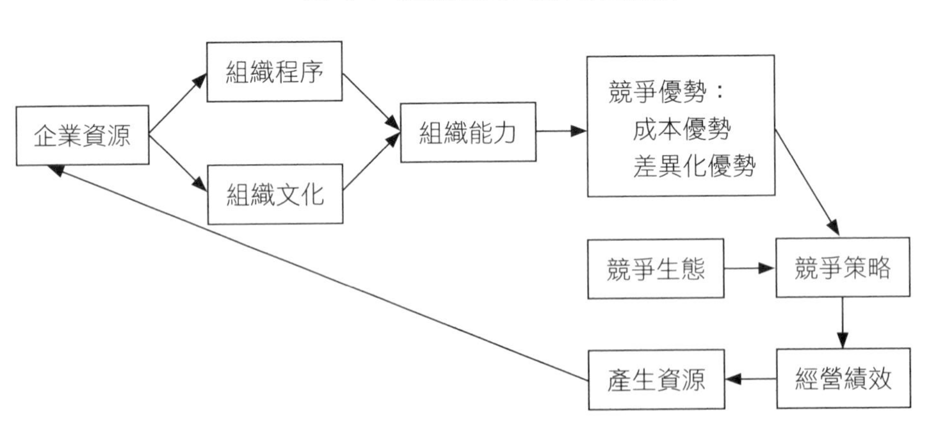

一、企業資源

企業的成立一定有資源的支持，在營運的過程中將資源引向生產活動，再累積生產活動所創造出的資源，重複使用。奇異公司（GE）生產飛機引擎和昂貴的醫療設備，並利用其財務資源，成立了奇異資融公司（GE Capital），提供顧客購買設備和引擎的融資，沒有強大財務資源的競爭者，就無法在融資條件上和GE競爭。GE的例子正顯示出如何利用資源創造競爭優勢。

（一）有形資源

企業的資源不外乎有形資源與無形資源。有形的資源包括最基本的財務資源、土地、機器設備等，也就是一般資產負債表上的事項。這些資源除了是策略選擇上的限制要件外，對策略的意義並不大，因為只要可以在市場上取得的資源，資源的價格就會反映其效用，無法帶給廠商競爭優勢。例如，好的地點租金自然較為昂貴，高昂的租金抵銷了地點的優勢，因此，好地點不一定是競爭優勢；又如，電影中有大牌明星固然可以招徠觀眾，但片酬也高，這也不是競爭優勢。因此重要的是如何將這些資源做更有效的利用，使其產生比市場價格還要高的價值，這就有賴管理的能力運用有形資產創造出無形資產，再由無形資產創造出更高的價值。

（二）無形資源

企業的無形資源包括商譽、技術（智慧財產權）、消費者的關係、和其他企業的脈絡關係、資訊系統、管理素質以及人員素質等等。事實上，公司的市場價值遠高於其帳面價值，兩者間的差距就是無形資產所創造的價值，而公司有三分之一以上的市場價值是由無形資產所創造的。在知識經濟的年代，價值的產生有賴於組織內知識的整合，這也凸顯出無形資產日形重要。1997年以來，美國公司投資在無形資產的金額已經超過對有形資產的投資。

企業應重視無形資源。 

而在無形資源中，商譽是相當重要的一部分。商譽包括公司名譽和品牌，除了在消費者心中的名譽外，公司的名譽又包括：

（1） **公司在投資者心目中的名譽**：例如公司不要會計花招、發布的消息都屬實（在2002年美國企業醜聞頻傳的年代，這種商譽尤其重要）；

（2） **公司對待供應商的名譽**：例如公司對於供應商一定準時付款等；

（3） **競爭者心中的名譽**：例如公司一定會對降價的行動報復等。

其實，公司的品牌是最重要的商譽。公司品牌價值不菲，可口可樂的品牌價值至少就達三百億美元，英特爾品牌價值百億美元，這些商譽都會反映在公司的股價上。

無形的資源固然能給公司帶來短期的競爭優勢，長期而言，公司還是要持續投資、經營品牌、技術、維持人員的素質，才能持續發揮無形資源的效用。

在知識為競爭主流的時代，員工的素質與知識成為企業重大的無形資產。保險公司的重要資源就是能夠帶給公司大量保單的超級營業員；國內電子業的重要資源是研發人員，研發人員的素質和流動性對公司非常重要，因此常常可以看到電子公司因為研發人員的流動而一蹶不振。但如何將員工的知識加以組合，並發揮加乘的效果，將會在知識管理這一章（《進階篇》第八章）詳細描述。

在知識為競爭的時代，企業應萃取員工知識以創造無形資源。

（三）獨特資源

無論是有形還是無形資源，影響競爭優勢最關鍵的是獨特資源。顧名思義，獨特的資源是不能在市場上交易的資源，一定要獨特（uniqueness），不容易複製，才能讓企業創造差異化，而且資源的擁有者無法全部取走該資源所創造的價值才行。要滿足這些特性，資源才有策略上的意義。例如在60年代，電影的製作均是耗費不貲的大型影片，如「賓漢」、「十誡」、「埃及艷后」等，大型影片需要有知名的大明星加上強大的卡司製作，因此，大明星成為無可取代的資源，既獨特，又無法複製，的確是獨特資源。但好景不常，70年代流行小品電影，大明星不再吃香，就不再是企業的獨特資源。

事實上，擁有獨特資源的廠商並不多，大多數的企業的資源類似，因此，競爭優勢的建構端賴如何將普通的資源加以組合發揮，成為企業獨特的能力，贏過其他競爭者。例如3M常說，公司能讓普通人發揮超能的績效（ordinary people to achieve extraordinary performance），星巴克也說要將普通的產品注入意義和感情。而要如何達成此一目標，就要透過組織程序和組織文化的支持。

二、組織程序和組織文化

組織程序指的是企業內正式或非正式約定俗成的做事方法。以往在經濟高速成長的時代，企業的管理是粗放的管理，老闆是拍腦袋做決策，策略則是追求降低成本，人事管理是以股票分紅做為激勵的手段，不創品牌。但企業規模擴大，到跨國經營，沒有制度是無法管理，因此歐美日國家大企業的管理都是精緻的管理，從文化的建置，公司的策略到執行的細節，上下有序一氣呵成。這一系列的活動創造產品和服務的價值，組織程序就是進行這些活動的方式。

組織能力源於管理程序。

例如組織必須要做售後服務的活動以賺取顧客的終身價值（lifetime value），如何做售後服務是一個管理程序，服務人員如何回答顧客抱怨，如何對顧客進行技術指導，都是一套套的程序。這些過程可以是明文規定的標準作業程序，也可以是固定習慣的做法。做法不同，結果也不同。當這些程序形成一套套制度後，組織透過這些程序來發展組織的能力，組織能力在競爭的環境下接受考驗，績效也於焉產生。

以台塑集團為例，降低成本是台塑集團的獨特能力之一，台塑設立了環環相扣的採購、流程排定、資材管理程序，事實上，這些程序即是企業經過千錘百鍊的最佳實務（best practice），將這些組織精華的知識落實為制度，建立做事的程序，可以將普通的資源轉化成獨特的競爭優勢，經過滴滴點點的累積，成就其成本領導地位。

諾基亞新產品的發展程序

諾基亞（Nokia）亦以新產品的創新為其競爭優勢，新產品的發展程序就像爵士樂團的做法，爵士樂團有吉他手、薩克斯風手、鼓手等等，有人有了新的旋律，其他樂手跟著配合演奏，完成新曲的創作。諾基亞新產品發展小組也是一樣，任何人的創新起了調之後，其他成員即配合其基調，共同發展手機新的功能，這種自動自發，「由下而上」的新產品發展程序，和一般傳統「由上而下」的新產品發展程序大為不同。再加上「同步工程」（concurrent engineering）的進行，新產品開發小組在決定新功能時，除了研發人員外，製造、行銷人員亦一起加入陣容，同時發展製程、行銷企劃，加速新產品上市的時間，在以時間為主的競爭中，奪得先機。這一套套的程序，就培養了組織新產品開發的能力。

組織程序也有階層之分。低層的程序偏重在作業層次，可稱為「**作業性程序**」（operational processes），例如員工請假程序、出差辦法、品質管制程序等。許多企業已經發展各式各樣的作業程序來降低成本，增進品質。

高一層的是「**功能性程序**」（functional processes），對組織的績效有較大的影響，例如新產品發展程序、顧客關係管理程序、供應商管理程序、知識管理程序等。以知識管理為例，知識管理要經過知識創新、知識編碼（codification）、知識分享、知識傳布、知識應用等程序，所以知識管理是一套套的程序，透過知識管理程序，企業可以發展出最佳實務，這些程序可稱之「功能性程序」，因為這些程序和企業的各功能部門（行銷、研發等）有關。再如，公司如何分紅亦是重要的程序，在瑞士洛桑管理學院（IMD）編製的國際競爭力排名中，台灣在「利用薪水以外激勵制度的有效性」這一項目上被評為世界第一。如何分紅是國內企業成功的重要因素，也是重要的組織程序。有些企業分紅只發獎金不分股票，獎金多寡是由老闆拍板定案，這也是分紅的「程序」。有許多高科技公司以分紅股票為主，公司分紅太少，

策略程序關係到企業長期發展。

留不住人才，分的太多，在高位的可能利用分紅的資金，離開公司，另行創業，和原來公司競爭，即使留在位子上的，口袋已滿，心滿意足，不須也不願全力打拚，但仍佔著高位不放，對屬下產生不良示範效果。因此，企業分紅絕對應該經過一個縝密的管理過程來決定。

在企業最高層的組織程序稱之為「**策略程序**」（strategic processes），策略程序和策略的形成與執行密切相關。基本而言，學者Barlett和Goshal指出上層的策略程序包括三個重要過程：興業程序（entrepreneurship process）、重生程序（renewal process）和整合程序（integration process）。

1. 興業程序

興業程序並不是鼓勵員工離開公司到外面創業，而是指企業內的管理人員將公司當成自己的事業，主動發掘未來市場的需求，創造新事業的機會。興業程序提供了公司成長的契機，是先瞰（proactive）的策略。但要員工主動在公司內部創業，公司必須要創造一套制度，讓員工願意將新事業的好主意留給公司，而不是離開公司另創門戶。在《進階篇》第七章技術策略會談到的3M公司的範例，3M鼓勵公司內部創業的制度即是絕佳的做法。

2. 重生程序

重生程序指的是公司有一套系統化的做法，使公司有自省的機會，讓企業重新充電，以適應與因應環境的變遷。組織變革即是常用的手段，公司每三、五年進行組織重組，沒有重大的組織重組，也將辦公室搬搬風，以彰顯公司求新求變的決心。每隔幾年在全公司內推動新的做法，亦是另一種重生的程序，也可以說是全公司的運動，例如奇異（GE）過去二十年中，推行從下而上的協同促進制度（work out），全公司的品管制度：六個標準差（six sigma），推動全公司的無藩籬制度（boundaryless world）、網際網路新應用（internet initiatives）等等。這些重生程序在於要求企業員工重新檢視過去的標準作業程序，採取新的做法。

3. 整合程序

透過規劃、協調的過程，企業組織的最高層級將各部門的活動加以統合，這就是整合程序，而最簡單的就是行銷、製造、服務的協調，困難之處則在於如何防止「內鬥內行，外鬥外行」，內部互扯後腿的情事發生，這又有賴高階經理間的整合程序。多角化公司的整合程序尤其重要，新事業不斷出現，會發生許多事業部的商品都賣給同一客戶，集團內各事業群彼此之間成了客戶的供應商，產生競爭，因此必須形成跨事業部，站在更高一層進行各事業部的協調，統一戰力，才不致於出現企業各事業部鷸蚌相爭，其他競爭者坐享漁翁之利的情形。而這一套套的協調程序就決定了公司的競爭優勢，不會協調與整合的公司只有走上分化之途，因此多角化整合的功能及程序更為重要。其次，在高度國際化的公司，各國的需求亦可能大不相同，在產品規格、生產地點的選擇上，均面臨整合的問題。管理精良的公司會以公司文化作為整合的工具，管理不良的公司只能坐視公司內部分化。

公司要建立整合程序才能統一戰力。

組織程序是執行策略的要素，沒有這些組織程序，策略將無法執行，新的策略也無從產生，企業決策就得全看CEO決定（這也是一種決策程序），企業的成長就只有靠CEO的睿智。但若透過組織程序，公司將CEO的睿智，人力資源、技術資源、財務資源加以整合，落實程序、制度，才可創造公司長久的價值。

策略與組織就像一個人的兩隻腳，必須互相配合才能發揮功能，以程序為主的組織成為策略執行的利器，以一套套程序培養出的組織能力亦成為競爭優勢的基礎。

三、組織能力

企業的競爭不亞於生物物種間的競爭。各種動植物為了求生存，莫不竭盡所能發展出獨特生存的能力，要跑得快，跳得高，再不然要有偽裝的本事，否則無法生存。熊貓是個例外，因為熊貓生長在高山地區，高海拔成了它的保護屏障，沒有競爭和生存的壓力，因此牠不必發展出獨特的能力。如果企業的競爭生態也有如是高山峻嶺，進入障礙極高，在這高度的保護下，企業當然可以生存，也會像熊貓一樣，不需要發展出獨特的競爭能力。但像熊貓般的情況極少，企業極難有機會身處於受到保護的生存環境，因此企業必須發展出獨特的能力才能存活，更無法像熊貓一樣，靠可愛的模樣就獲得人類寵愛及刻意保護。

組織能力就像醫師看診的能力、建築師設計的能力一樣，指的是企業從事某項附加價值活動的能力，例如產品設計、品牌經營、行銷規劃、顧客服務，甚至技術能力。企業要能生存，一定要具備生存的能力，但更值得關心的是，企業是否具備優於競爭者的獨特能力。例如，聯邦快遞的獨特能力是在美國國內第二天送達文件的能力。麥當勞能在全世界各地提供千千萬萬標準一致的爽口薯條，這也是其獨特能力。而台積電的製程技術亦獨步全球，台積電若沒有比一般半導體IDM（Integrated Design Manufacturer）大廠更優良的製程能力，即使空有市場地位與創新的企業經營模式，競爭者遲早會模仿成功，屆時價格競爭興起，市場地位也是岌岌可危。

（一）核心競爭力

組織能力中最關鍵的因素是核心競爭力（core competency）。**核心競爭力指的是公司各產品間的共同技術**，而且這項技術必會優於競爭者，通常高度多角化的公司產品繁多，似乎找不到關聯，事實上，我們可以將產品視為樹上結的果實，果實需要樹枝、樹幹提供養分，樹枝、樹幹就是公司的核心產品，大樹的根更是提供樹木花果營養主要來源，以此比喻來看，大樹的根就是核心競爭力。就以本田（Honda）生產機車、汽車、剪草機、發電機為例，本田的各產品看似不同，但可歸納出CVCC引擎正是其核心競爭力，根據其核心競爭力，本田從機車發展到汽車，再進入割草機及小型發電機市場。

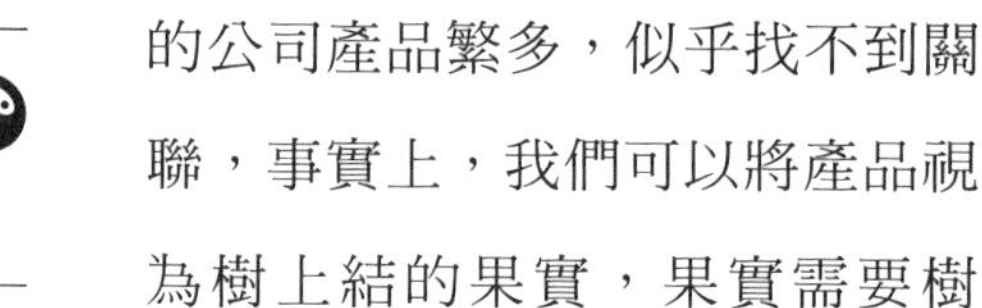

組織能力的關鍵因素是核心競爭力。

將企業的核心競爭力發揚光大，並因此成功的公司不勝枚舉。生產便利貼、膠帶、錄音帶的3M公司即以黏著（adhesiveness）技術發展各式產品。IBM的核心競爭力則是電子資料處理（Electronic Data Processing, EDP）。長庚醫院林口院區的地下室有家比薩店，除了比薩外，還賣牛舌餅、燒餅、蔥花餅，這家店的核心競爭力就是麵食的烘焙技術。

公司的核心競爭力不單只有一個，西方的大公司一般都具備二、三十個核心競爭力，少的也有五、六個，不同核心競爭力間的組合可以產生不同的產品，同時成為產品多角化的基礎。以佳能（Canon）為例，其核心競爭力有精密光學技術、微型機械和微電子三項，佳能將微型機械能力和微電子能力結合，即可生產傳真機；將三個核心競爭力聯合運用，就製造出相機和各式複印機、印表機，佳能的核心競爭力亦造就了它在這些領域的領導地位。

核心競爭力更超越狹義技術的範疇，也可以是企業的行銷及獨特管理能力。例如美國以生產禮卡、慰問卡聞名的賀軒（Hallmark）公司，核心競爭力是增進人際關係的能力（bring quality to social association），根據此一核心競爭力，賀軒發展出各式各樣的卡片，隨後多角化進入禮品連鎖店，更進入電影業，還跨足有線電視台業成立Hallmark頻道。賀軒認為，禮品、卡片均和操縱人類感情有關，而電影和電視也是針對個人感覺來訴求，因此延伸其在卡片設計的核心競爭力至電影和電視台的經營。核心競爭力固然是多角化的基石，但拍電影、經營有線電視台和設計禮品、卡片的管理能力差異極大，2002年夏天，賀軒終於退出電視台經營，出售其影視部門。

再以美國電話電報公司（AT&T）為例，AT&T憑藉其在長途電話業處理大量帳單的能力（bill processing）跨足信用卡市場，發行Universal信用卡，大量降低成本，以終身免年費招徠客戶，第一年即獲致一百萬張卡的業績。但隨後AT&T將其信用卡部門以高價賣掉，因其認為信用卡雖然是AT&T核心競爭力的延伸，而非其核心事業（core business）。

核心競爭力為多角化的基礎。 

核心競爭力並不是一成不變，有時必須隨環境的變化而有所變動。以日本的夏普（Sharp）公司為例，日本公司少有以英文命名者，夏普是個例外。夏普在一百年前以削鉛筆機起家，因此取名「Sharp」（鋒利的意思），隨後從機械的核心競爭力，轉到家電業，再從家電轉到電子，更從電子再轉到液晶顯示（LCD），現在夏普是LCD的領導廠商。但轉換核心競爭力的例子在國內還相當罕見。

（二）核心競爭力對策略思維的影響

自核心競爭力觀念出發，許多策略管理的觀念均需修正。首先，傳統上透過SWOT分析以形成策略，SWOT分析的重點在於發掘企業本身優劣勢與環境中機會及威脅，並找出「策略性配合」（strategic fit），因此公司的策略必須以環境中的機會和公司的優勢配合為主。在這種思維之下，公司會以市場機會主導策略方向，例如以往房地產有每七年飆漲一次的說法，大型企業紛紛進入房地產開發事業；當資訊產業蓬勃發展，傳統產業一窩蜂進入高科技產業；當紅酒流行，又有一堆企業將其視為機會，大量進口紅酒，這些均是以追尋機會為主的成長策略。但從核心競爭力的觀念而言，公司體認到環境的變化殊難預測，機會並不能代表競爭優勢，沒有競爭優勢，即使進入高成長的行業也無法和其他競爭者競爭。其次，當機會來臨時，大多數人都看得到，進入者眾，大家開始搶設備、搶人才，等到人才、設備到位，開始生產時，市場已成殺戮戰場，過去的光電通訊市場的競爭就是血淋淋的案例。

其實，只要公司本身有核心競爭力為基礎的競爭優勢，並不需高度遷就環境的變化，如果環境變化對本身有利，公司利潤自然提高，若環境變化不利，公司仍然可依靠競爭優勢賺取利潤，問題只是利潤的高低。公司即使有些許劣勢，可以藉策略聯盟來以他人之長，補己之短，以彌補本身的弱點。以本田公司為例，割草機市場成長率不高，平均利潤不佳，不能說是「機會」，而且本田沒有行銷通路、維修中心更是其「弱點」，因此從機會的觀點，本田毫無進入割草機市場的本錢。但從核心競爭力的觀點，本田可以將CVCC引擎的技術擴展到割草機，增強本田割草機的競爭優勢，相對而言，其「劣勢」微不足道，不用創造出「策略性配合」。

企業只要本身擁有核心競爭力，就不需高度遷就環境的變化。

其次，企業的核心競爭力延伸出核心事業，而有核心事業就有非核心事業。企業可將非核心事業外包（outsourcing）出去，例如許多公司（如柯達）即將資訊部門外包給IBM，因此有人戲稱這些公司的資訊長（CIO）成為「Career Is Over」。美國企業受到核心競爭力觀念的影響，認為生產不是其核心專長，不如將生產業務外包，專注在研發和行銷上，造就了台灣電子業90年代的蓬勃發展，但長久將製造能力外包，公司的價值創造能力恐會減弱。

核心競爭力也打破了垂直整合的迷思。以前認為垂直整合可以增加企業利潤，但從核心競爭力的觀點而言，沒有核心競爭力就不應該整合其垂直的產業。英特爾在微處理器上獨占鰲頭，向前整合進入主機板市場，卻因為沒有生產主機板的核心競爭力，微處理器的核心競爭力又無法轉移到主機板產業，只好鎩羽而歸。

企業的多角化也必須要以核心競爭力為主，更是核心競爭力的延伸。之前提到的IBM、3M、佳能、本田、夏普等公司，均是極佳的例證。國內的正新輪胎公司，為了多角化發展3D動畫，於是投資設立瑪吉斯電腦動畫公司，發展網路賽車遊戲。賽車遊戲中輪胎的變形要畫得逼真才能吸引電腦遊戲玩家，據說正新公司對輪胎在高速下的變形，有深刻的了解，根據此一優勢，正新投資的電腦動畫公司，可以將賽車的畫面更生動、逼真地呈現在玩家前，更成為其他需要「車輪」電腦遊戲的元件。正新的情況是延伸核心競爭力的極端例子，成功與否，來日可鑒。

從上述的例子可以看出，企業的策略其實就是建構核心競爭力和延伸核心競爭力。核心競爭力的建構要靠一系列的管理程序來培養，可惜的是，缺乏世界級的核心競爭力正是國內企業的最大弱點。

企業應專注於核心事業。

競爭優勢正是企業具備的核心競爭力在市場上的具體表現。企業的獨特能力會顯現在企業的成本、產品或服務上的差異化。而這種差異化，在市場中創造出顧客的價值，也就是顧客願意付較高的價格購買貨品或服務。因此，競爭優勢基本上就是成本優勢和價值優勢。要了解這兩種競爭優勢的來源，就必須了解企業成本的驅動因素和價值驅動因素（cost and value drivers）。

企業獲利取決於三個重要因素：P（Price，價格）、V（Value，價值）和C（Cost，成本）。企業創造的價值必須大於其價格，而價格又必須大於成本才能獲利（V>P>C）。產品成本和價值的創造取決於企業的能力，所以企業的策略就是利用核心競爭能力所創造出的成本或價值優勢，尋求市場定位，再配合產業競爭生態中競爭行為所決定的價格，來賺取利潤。

四、競爭優勢

（一）成本競爭優勢

決定成本的因素很多，而且不同產業的成本驅動因子不同，其中最重要的為經驗曲線、經濟規模、原料成本、產能利用率和製程創新。以下即分別說明這些成本驅動因子：

1. 經驗曲線

經驗曲線指的是隨著累積產量增加，企業的直接成本呈比率降低，如下頁圖4-2所示。半導體業和飛機製造業的經驗曲線效果非常明顯，半導體業的經驗曲線效果高達百分之三十，換言之，在半導體業，當累計產量加倍時，直接成本應該降低百分之三十。顧名思義，經驗曲線的效果來自於邊做邊學，隨著經驗的累積，員工操作日加熟練，克服製程瓶頸，逐漸降低成本。

圖 4-2 經驗曲線

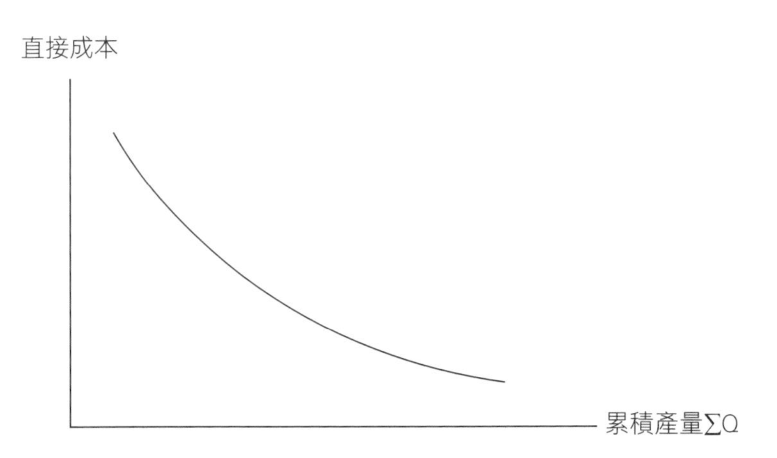

經驗曲線有許多策略意涵，從策略的觀點，經驗曲線表示相對市場占有率（relative market share）的重要，相對市場占有率即是本身和競爭者市場占有率之比，大於一時即表示比競爭者市場占有率為高，占有率愈高，經驗曲線效果愈顯著，成本愈低，因此，相對市場占有率愈高，理論上獲利率也會愈高。受到這種思維的影響，美國

投資基金經理人選擇海外市場投資標的時，即傾向選擇全球或地區市場領導廠商為投資標的。許多廠商也以追逐市場占有率作為目標，但根據筆者的研究，市場占有率雖然是決定獲利率最大的因素，但只能解釋不到百分之十的獲利率，事實上，決定每個產業廠商獲利率高低的因素均不相同，須視其競爭生態而定，因此廠商實在不應盲目追求市場占有率。當年在電子錶行業，美國T廠追求經驗曲線，以降價為手段搶佔市場占有率，但價格下降速度超過成本下降的速度，最後只有虧損出局，這就是廠商誤用經驗曲線的後果。

企業不應盲目追求經驗曲線效果。

在高科技產業中，盲目追求經驗曲線也會造成反效果。面對新一代製程創新時，追求目前製程經驗曲線的廠商就會被淘汰，以下頁圖4-3而言，AA代表目前製程的經驗曲線，BB線代表新一代製程的經驗曲線，固然追求AA經驗曲線的廠商會有短期成本優勢，但當新一代技術出現，並累積一定產量後，即會被淘汰。

圖 4-3 新舊製程經驗曲線競爭

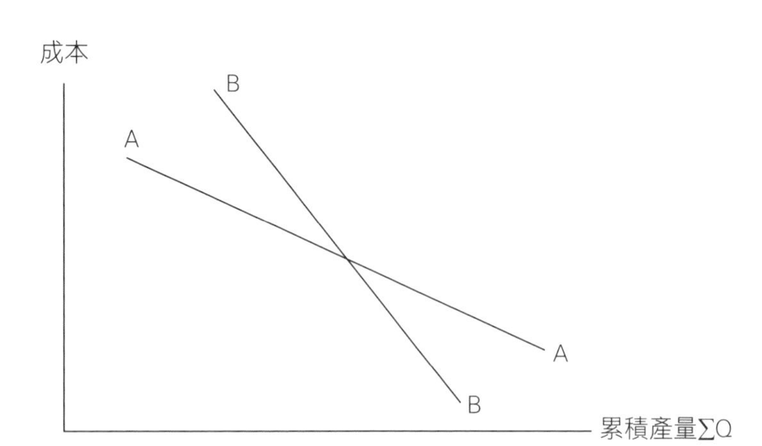

2. 經濟規模

經濟規模是決定成本的重要因素。經濟規模的來源首要是固定成本的分攤，經濟規模愈大，每單位的固定成本愈低，但經濟規模到達某一程度後，由於管理監控成本增加，規模經濟不再發揮效果，必須依靠管理創新，才能繼續降低成本。技術也是造成經濟規模的原因，不同的製程技術（連續製造或分批製造），對生產成本和最佳生產規模即有不同的影響，如晶圓代工產業和水

最小經濟規模塑造競爭生態。

泥業的成本結構即大不相同。專業經濟（economies of specialization）亦影響了企業的經濟規模，由於經濟規模龐大，專業分工可以細密，以達到降低成本的效果。

經濟規模另一個效果是最小經濟規模（minimum efficient scale, MES）的出現。由於規模經濟，能夠生存的廠商都必須有一定的規模限制，達不到這個規模，成本太高，在價格競爭下將無法生存。每個產業中的最小經濟規模均不一樣，重要的是產業規模和最小經濟規模的比例，例如最小經濟規模是產業規模的百分之二十，則產業最多可以存活五家廠商，產業的市場集中度較高。

根據美國的研究，產業的最小經濟規模若不到產業規模的百分之五，對產業的集中度影響不大，但對台灣而言，市場規模較小，最小經濟規模在決定市場集中度時，影響力也會放大。例如以前汽車引擎廠商的最小經濟規模是年產五十萬輛，而國內汽車需求量只有每年四十餘萬輛，除非外銷，國內自製引擎的可能性極低。目前的趨勢是，拜科技和管理的進步之賜，在傳統的汽車、機械業中，最小經濟規模亦有降低的趨勢。汽車業更可在各國設立裝配廠，裝配出適合各國需求的汽車，亦造成以往大型汽車廠的規模優勢逐漸式微。

基本而言，由於國內市場小，受到最小經濟規模的影響，市場集中度也較其他國家為高。

但奇美企業對經濟規模的策略思考和傳統想法大有不同。傳統上，企業決定最佳產能前，首先必須算出市場規模，在依據市場規模，算出應有市場占有率，市場規模乘上市場占有率即再推導出最佳產能。然而，奇美並不依照這個邏輯進行ABS市場的擴充。由於ABS是塑膠的一種，是其他塑膠的代替品，當ABS價格降低，會取代其他具有同樣功能的塑膠，創造了ABS的需求，因此奇美在擴充產能時，即先決定成本目標，思考要降低多少成本，才能取代其他塑膠以擴大市場需求，然後再規劃要有多大的規模才能達到低成本的目標。當全台灣ABS需求只有五萬噸時，奇美產能就是五萬噸，隨後奇美更擴大生產規模以降低成本，再以低價代替其他塑化原料，創造額外需求。這種以擴充產能降低成本，再以價造量，再以量降低成本，不斷擴充產能的做法，令奇美2002年年產能已達五十萬噸，這是充分發揮經濟規模的成本領導策略之極佳案例。

除了經驗曲線和經濟規模外，還有許多創造成本優勢的做法。例如流程再造、標竿競爭。流程再造指的是利用資訊科技將原來不同員工負責的事務匯集到一起，增加處理上效率。標竿競爭係以敵為師，向最佳作業的企業學習。不過在第一章就已提到，流程再造或標竿競爭均是短期的做法，無法創造長久的競爭優勢。

有如台塑管理或日式管理中「精進」的工夫，也就是一滴一點追求合理化的競爭力，才是成本競爭優勢得以持久的要素。只要在合理的範圍內，台塑企業追求一滴一點的改善計畫來降低成本，然後將這些微小的改善建立成制度，日子一久，微小的改善累積起來，亦呈顯著的成本優勢。一滴一點日積月累出的成本優勢，競爭者的模仿障礙也相當高。

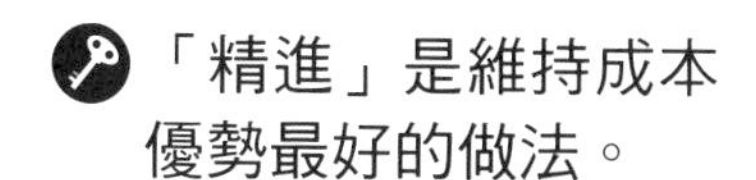

（二）差異化優勢

差異化會讓消費者願意付出較高的價格購買企業的產品和服務，換言之，企業的產品和服務因為和競爭的產品有所差異，而提供了消費者額外的價值。差異化的策略包含：

（1） 要不要和競爭者提供類似的產品或服務？

（2） 要在產品的哪些構面上進行差異化；

（3） 差異化的程度要多大？

如何建構差異化的策略，選擇差異化的重點，可以從三個角度來思考：需求面、能力面和競爭面。

1. 需求面

從需求面而言，關鍵在於消費者為何願意付出額外的價值？這與價值驅動因子（value drivers）息息相關。價值驅動因子很多，包括品質、耐久性、交期、服務水準、品牌、使用便利性、功能等，均是差異化基礎。要建立差異化的優勢，必須要先分析需求的特性。在行銷研究中對需求特性的分析有詳細介紹，例如利用多元尺度分析（multidimensional scaling）可以找出消費者對那些產品特性有所偏好。功能定價（functional pricing）進一步計算出消費者對每一產品功能願意付的價格，例如汽車的價格大都取決於馬力和車型（車長和車寬）、品牌。如果將汽車價格對引擎馬力、車長、車寬，做迴歸分析，其中將品牌作為虛擬變數（dummy variable），即可發現消費者願意多付多少價格來增加多少馬力，也可以導出同樣車型和馬力下的品牌價值（亦即消費者願意多付多少，來購買同樣特性但不同品牌的產品）。功能定價的細節請見《進階篇》第二章。

2. 廠商能力面

除了產品實質面上的差異化（physical product differentiation）之外，亦可利用消費者對商品的感受，創造認知上的產品差異化。實質產品差異化指的是產品功能上的不同，例如電腦的速度、手機的待機時間等，是具體且可見的差異。至於提供哪一種產品功能上的差異化，一方面要看消費者的需求，一方面要看企業是否有能力提供差異化。例如以前銳跑（Reebok）的球鞋，以樣式做為差異化的基礎，而耐吉（Nike）以球鞋的功能（跑得快、跳得高）做為差異化基礎，這視廠商的相對能力而定。

認知產品差異化指的是同樣功能的產品，消費者在認知上認為某一產品優於另一產品，如香水、化妝品均是認知上差異化的代表。認知產品差異化比較難模仿，因為廣告是形成認知產品差異化的主要推手，廣告不易模仿，可以創造進入障礙，增加市場集中度，造成寡占市場，成為企業獲利的利器。

雖然消費者對某些產品特性需求高，但因廠商能力或成本考量，並不表示廠商一定要提供這些產品差異化特質。以產品品質而言，消費者一定希望產品品質最好，但產品品質要達到六個標準差以上，一定要投入極高的成本，在成本與效益的綜合考量下，廠商不一定要提供「最佳」（best）品質，而是提供「最適」（optimal）品質，即可滿足消費者需求。但在相同成本下，廠商仍須提供最佳品質。

在成本和效益的考量下，企業不一定要提供最佳品質。

美國航空業提供「最適」品質的訂位服務

航空業的訂位是「最適」品質的案例，由於邊際成本低，美國航空公司希望吸引顧客多訂位，最好班班客滿，更要以便利的服務，吸引顧客多訂位，例如提供顧客隨時取消訂位的權力。可是，若消費者訂位後不取消又不搭機，航空公司便會產生閒置機位，且由於閒置機位的機會成本高，因此美國航空公司在接受訂位時，根據經驗法則，常會接受150%的訂位，例如飛機機位是200個，會接受300個訂位，但若超過機位50%的客人都來搭機，便會產生超額訂位（overbooking）情況，這時，航空公司再以折扣券（下次購買機票可抵幾百元）吸引顧客改搭下班飛機。這樣做，對一般顧客造成困擾，並非「最佳」品質，因為若要提供最佳品質，航空公司不應該接受超額定位，但由於空機位成本太高，只有犧牲部分客戶滿意度，以接受超額訂位的方式，提供顧客「最適」品質。

再以產品線的廣度為例，消費者的偏好不同，當然希望產品線的廣度（例如汽車的車型和顏色）愈廣愈好，但是對廠商而言，要生產多樣化的產品，生產成本必會隨著產品線廣度而上升，如此一來，產品價格也會上升，產品的廣度最終還是受到消費者付款意願（willingness to pay）的限制。

3. 競爭面

除了需求和成本的考量外，企業選擇差異化亦要考慮競爭者的策略。首先要考慮是否要和競爭者採行同樣的產品差異化，以開店地點為例，7-Eleven和全家選擇不同，7-Eleven選擇在街角，全家則選擇在公車站旁，但便利店內產品配置與價格幾乎完全一樣，換言之，雙方只在地點上有差異，其他策略均屬雷同。電視八點檔的節目亦是拉大差異化策略，中視演清宮劇，儘管收視率高，台視、華視、民視仍然演其他類型連續劇，這是所謂差異化極大策略（principle of maximum differentiation）。但傢俱業為了發揮商圈效果，通常會有集中在同一地點（例如台北文昌街或五股）的情況，但亦會儘量銷售不同商品，以避免價格競爭。因此，企業可以在某些產品特質上與競爭者進行差異化，而在其他方面雷同。而企業採行何種差異化策略，需視需求面、供給面和競爭面的綜合考量而定。

（三）差異化策略和成本策略的比較

成本優勢和差異化優勢相加就是競爭優勢，舉例而言，如果市場上有兩個品牌競爭，因為差異化的關係，消費者願意付100元買A品牌，而只願意付90元買B品牌，差異化的優勢就是10元。如果A品牌的成本是50，而B品牌的成本是60，A品牌競爭優勢的總和就是20元。

企業當然希望能創造成本和差異化的兩種優勢，但通常兩者不可得兼，而在不得不進行取捨時，通常差異化策略比成本策略為優。首先，實證研究結果發現，最賺錢的企業都是有世界品牌的企業，例如吉列（Gillette）和可口可樂，而根據成本優勢而有高利潤的大企業大概只有沃爾瑪百貨（Wal-Mart）。其次，成本優勢會受到匯率的影響而減少，如日本公司在80年代享受的成本優勢，在日圓匯率從1美元兌換220日圓升到1美元兌換100時喪失殆盡。亦提示企業一定要靠差異化優勢才能生存，否則只有隨著匯率的變化至低成本的國家進行生產。這好比台灣企業追逐低成本，遷移生產基地的做法，企業的生產基地從台灣移到大陸，再從大陸移到越南、印度、非洲。再者，如果匯率不變，成本優勢也會受到低工資國家的競爭，就算企業一時保持了成本優勢，在國際市場上，低成本的廠商會進行價格戰，競爭殺價的結果，廠商還是得不償失。

差異化策略優於成本策略。

五、結論

創造持久競爭優勢是每個企業應該追求的目標，但持久競爭優勢的培養不是一蹴可幾，而是一滴一點、日積月累長期創造出來的。要擁有「持久」的競爭優勢，有賴於組織透過作業程序、功能程序、策略程序，建立一套套做法，以公司文化及價值觀，將各樣程序串流成一體，才能創造組織能力維持競爭優勢。而各種程序的建構，又和企業主持人的理想習習相關。且也正由於各企業內組織程序均大不相同，即使企業採取同樣策略，但績效卻不一樣，組織程序因此可視為競爭優勢的源頭，沒有競爭優勢的企業應重新檢視基本組織程序，加強基本動作，才能創造競爭優勢。

企業核心競爭力是策略的基礎，策略在於培養及延伸核心競爭力，追求的是以核心競爭力為基礎的成長策略，而非以機會為主的成長策略。有了核心競爭力，在市場上就有競爭優勢。競爭優勢又分為成本優勢和差異化優勢，企業應優先追求差異化優勢，無法創造差異化優勢再追求成本優勢。有了競爭優勢，下一個問題就是如何維持競爭優勢了。

本章精論

1. 企業要有獨特能力才能維持其競爭優勢。
2. 建構組織能力是CEO的首要任務。
3. 企業應重視無形資源。
4. 在知識為競爭的時代，企業應萃取員工知識以創造無形資源。
5. 組織能力源於管理程序。
6. 策略程序關係到企業長期發展。
7. 公司要建立整合程序才能統一戰力。
8. 組織能力的關鍵因素是核心競爭力。
9. 核心競爭力為多角化的基礎。
10. 企業只要本身擁有核心競爭力，就不需高度遷就環境的變化。

11. 企業應專注於核心事業。
12. 企業不應盲目追求經驗曲線效果。
13. 最小經濟規模塑造競爭生態。
14. 「精進」是維持成本優勢最好的做法。
15. 在成本和效益的考量下，企業不一定要提供最佳品質。
16. 差異化策略優於成本策略。

MEMO

策略精論

基礎篇

第五章

維持競爭優勢

一. 進入決策分析

二. 進入阻絕策略

三. 模仿障礙

四. 結論

* 摩托羅拉大哥大手機的進入阻絕策略
* 台大EMBA的進入阻絕策略

第四章討論企業如何建構競爭優勢，競爭優勢會創造高額利潤，高額的利潤必然會吸引同業的模仿或潛在競爭者的進入。因此，建構競爭優勢後，必須採取策略以延續、維持競爭優勢，企業才能長治久安。

王安電腦在1980年代初期曾風光一時，不可一世，但如今優勢不再。達美樂（Domino）比薩店在1980年代以外送市場為主，保證三十分鐘內送到，否則一律免費，轟動一時，每年業績成長40%，五年的時間就掌握了九成的市場，但隨後競爭者進入，也競相模仿達美樂的做法，達美樂無法維持競爭優勢，終於敗下陣來。以上的例子可以看出，**企業經營有如馬拉松賽跑，一刻不能停歇，否則對手隨即就會趕上**。

競爭優勢大多是短期的。

企業在競爭者的模仿策略與進入市場的壓力下，廠商要長期維持高利潤狀態，基本上可以採取三個策略：

（1）不斷增進本身能力，儘量拉大和競爭者的差距，以保持長期競爭優勢。

（2）進入產業創造競爭優勢後，盡力防止其他廠商模仿本身的策略，從而維持市場地位，延續競爭優勢。同時也要阻止潛在競爭者進入市場。如果廠商能夠建立長期競爭優勢，廠商可以長治久安，不必要時時刻刻計劃要如何創造下一個短期的競爭優勢。

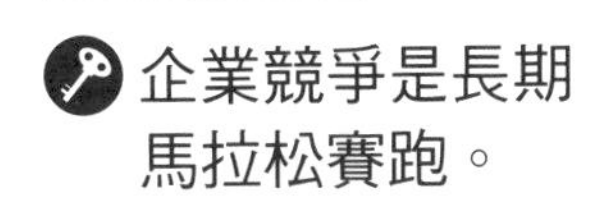

（3）企業如果不能制止競爭者的模仿或進入市場，也無法維持長久競爭優勢時，就必須經常不斷地找尋新的產品或產業，在新的產品／產業中建立短期的競爭優勢，進而獲取短期高額的利潤，等到競爭者進入市場又模仿成功時，再生產新的產品，或換到另一個產業，又建立一些短期的競爭優勢，這是以機會為主的成長策略。

企業要採取這種以機會為主的策略，廠商本身要有極高的彈性，能夠適應新的產業，同時消息和情報的獲取也要比同業快。在成長的經濟下，追逐新的成長機會固然會獲得短期的成功，但若沒有核心競爭力，成功只是曇花一現，這種例子在台灣的中小企業中屢見不鮮。

而如何維持競爭優勢，分析架構如圖5-1所示。

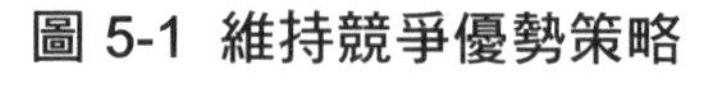

圖 5-1 維持競爭優勢策略

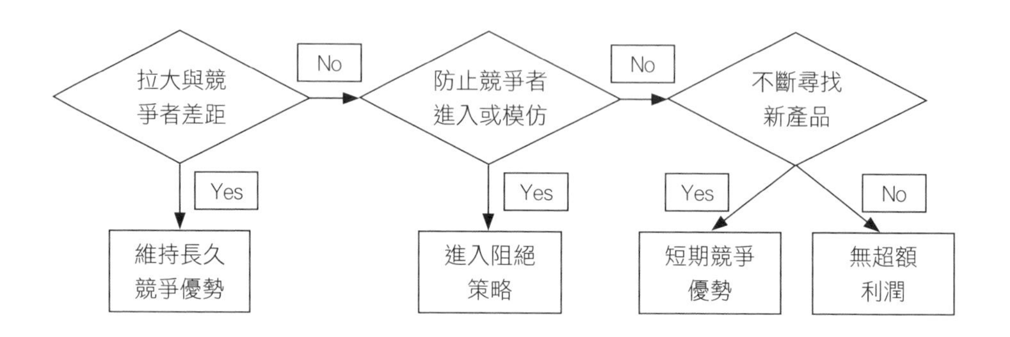

一、進入決策分析

本章的重點在於討論第二個策略：如何防止競爭者模仿或進入，我們首先要分析模仿者或進入者的動機。基本上，進入決策的考量可由下列公式代表：

進入產業或模仿後的利潤＞模仿或進入成本＋退出成本

以上的公式表示，為了賺取利潤，廠商如果要進入新產業或模仿競爭者，進入之後的利潤必須大於進入的成本加上退出成本，此一產業才值得進入。退出成本指的是，如果廠商進入失敗，因退出此一產業所造成的

> 企業要積極拉開競爭優勢差距，消極防止進入和模仿。

損失。有很多因素會影響到進入之後的利潤，也有很多因素影響退出成本及進入成本，利用這些因素可以建構進入或模仿的障礙。現在我們就分項討論如下。基本的分析架構如圖5-2所示。

圖 5-2 進入決策之分析

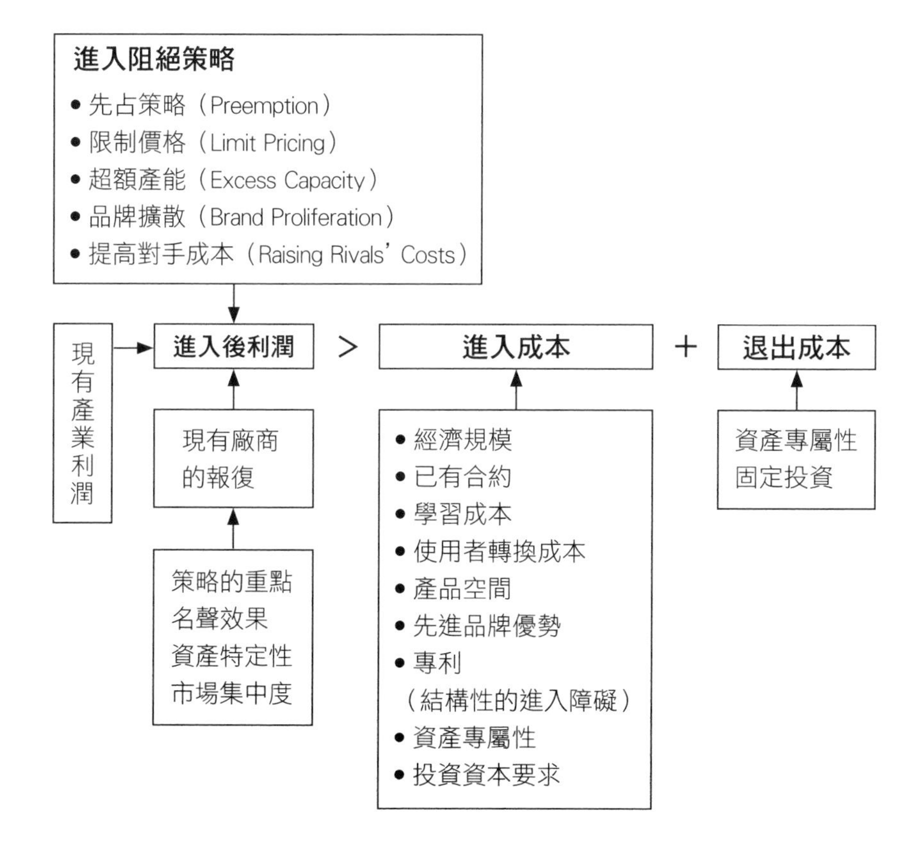

模仿或進入者的動機在於進入後的利潤，而進入後的利潤受到三個因素的影響：現有產業的利潤、現有廠商可能的報復行為，及其進入阻絕策略（entry deterrence strategies）。因此對產業現存廠商而言，首要目標在於消弭新進入者獲利的機會，其次要降低模仿的可能性，讓模仿者不願也無能力模仿。企業有下列方向可循：

（1）**阻撓獲利消息的洩漏**：如果潛在進入者無法獲知廠商獲利水準，進入或模仿的動機就會減少。這也是許多高獲利廠商選擇不上市、不上櫃的理由。

（2）**增加進入成本和退出成本**：例如控制重要資源。影響進入成本的因素如前頁圖5-2中所示，在此不再贅述。

（3）**採取進入阻絕策略**：擺出態勢，讓模仿者了解，即使模仿或進入成功也無法獲利。

（一）進入成本

首先討論決定進入成本的因素。進入成本不只包括廠商買地建廠、行銷的成本而已，而是廠商為了要達到和目前競爭者有相同地位，所需要的成本。進入成本受到下列等因素的影響：

增加進入成本，維持競爭優勢。

1. 經濟規模

尤其是最小經濟規模和產業銷售額的比例，對於進入成本非常重要。因為在經濟規模大的產業，廠商為進入必須投資巨大的資金，從現有的競爭者手上奪取市場，所費不貲，成本自然很高。

2. 現存廠商的品牌競爭優勢

這一點對經驗產品（experience goods）尤其重要。如果現存競爭廠商品牌優勢高，新進入廠商將很難再去爭取顧客。

3. 消費者的轉換成本

同樣地，消費者的轉換成本（switching costs）也是一個很重要的因素，如果使用者的轉換成本比較高，即使新廠商的產品比較優良，也難開拓市場。

4. 已存合約

此外，現有買主和目前廠商存在合約的關係，讓新進入者很難找到新買主，也使得新進入者面臨重重困難。

5. 產品空間

如果目前的產品已經充斥於所有的產品空間，很難再切出新的市場區隔，新來的廠商就很難在產品空間中找出利基，因此也甚難立足。

6. 專利權的獲得

這是最明顯的因素。具有專利自然防止潛在進入者的進入。

除上述原因外，產業若需要專屬性高的資產，或有基本的投資要求，這些也是新進入者的進入成本，也會影響到廠商的退出成本。

整體而言，進入成本受到科技及需求這兩方面因素的影響。高進入成本並非完全對廠商不利，如果產業的進入成本高，同樣地，對於後繼進入者也會產生嚇阻的力量，因此，如果進入成功，廠商的利潤就會受到保障。

資產專屬性增加進入成本，也增加退出成本。

高進入成本也可能引起比較高的退出成本。舉例而言，如果產業需要大量的資金投資，固定成本高，變動成本較低，廠商進入不成功，退出的成本也會很高。退出成本除了受到資本密集程度影響外，還要受到資產專屬性（asset specificity）的影響。資產專屬性是指某些資本財只適用某些特定產業，轉到其他的產業的利用價值幾乎為零。例如印報紙的機器，除了印報紙外幾乎沒有其他用途，代表其資產的專屬性很高。在資產專屬性高的產業，由於退出產業後，資產可再利用的價值很低，因此退出成本也會增加。正由於退出成本高，資產專屬性高的產業競爭比較不激烈，廠商也不會輕言退出。

綜上所述，進入障礙高，現存廠商競爭優勢高，而產品空間不足，資產專屬性高的產業，進入成本也高，現有廠商受到的保護也高。

（二）進入後的利潤

進入後的利潤（post entry profit）主要受到二個因素的影響：

（1）進入產業的潛在平均利潤；

（2）現有廠商對新進入者採取的對應策略。其中最主要的就是廠商對進入者是否採取報復行動。

現存廠商是否採取報復又受到好幾個因素的影響，其中最重要的就是廠商在現有產業的市場集中度，產業中是不是有主要領導廠商，因為對於新進者的報復行動（例如降價競爭）雖會對報復廠商造成損失，但報復成功，進入者退出市場，有利於產業的全體廠商。

產業要有主導廠商才會對進入者報復。

換言之，其他廠商搭了報復廠商的便車（free ride），除非產業中存有主要的領導廠商，可以獲得大部分報復成功的果實，否則，應該沒有現存廠商願意進行報復，替別的廠商去爭取利益，因此產業內若沒有主導廠商，報復行為通常不會成立。

其次，進入者如果已經進入之後，現存廠商想再把進入者趕出市場，所要耗費的成本可能會遠超過和進入者分享利潤的成本，這是因為進入成本已經是沈入成本（sunk cost），進入者不會考慮到沈入成本，因此會戰到最後一兵一卒，造成報復廠商的重大損失。因此，如果進入的沈入成本高，廠商報復的機會也不高。

最後，現存廠商可以採用「殺雞儆猴」的方式，在市場上建立「報復」的名譽。如果現存廠商對任何進入者都加以報復，會嚇阻未來潛在進入者，當現存廠商建立了這樣的名聲後，潛在進入者再進入機率就比較小。例如在60年代IBM在電腦主機市場中，就對於IBM相容的周邊設備廠商採取類似的報復策略，潛在進入者眼見報復行動隨時會展開，自然會打消進入產業的念頭。

如果等到進入者進入之後再加以報復的話，現存廠商的損失通常較為龐大。因此，現存廠商必須要考慮如何先發制人，預先防止潛在者進入市場，這就是下面要談的進入阻絕策略。

二、進入阻絕策略

進入阻絕的目的就在於制敵機先，須先阻止潛在者進入產業，進入阻絕的效果在於昭示——潛在進入者進入後的利潤堪慮，讓潛在進入者及早打消搶進市場的念頭。

（一）先占策略

第一個阻絕策略就是所謂的先占策略（preemption），先占策略是率先占取了有利的產品空間，使得潛在的競爭者沒有空間進入，或者以低價奪取了市場占有率，使得後繼者無法再奪回市場。舉例而言，適合設立便利商店的地點不多，當7-Eleven占據了街角後，後設立的便利商店即無法立足。而當年錄影機產業中的VHS和Beta標準之戰亦是一例，以技術而言，Beta的錄影機較佳，VHS則體認到錄影帶是錄影機的必要搭配產品，VHS若不能成為錄影機標準，錄影帶的供給也少，因此松下（Matsushita）戮力讓VHS成為錄影機的標準，首先採取先占策略成功阻擋了Beta的發展。松下利用多重授權給世界各地家電商生產VHS標準的錄影機，迅速在全世界各地先於Beta推出VHS錄影機，使VHS成為錄影機的世界標準，成為標準後，錄影帶生產商大量生產VHS影帶，等到新力索尼（Sony）在兩年後推出Beta錄影機時，市場大勢已去，VHS已成功的獨占市場。

（二）品牌擴散策略

第二個進入阻絕策略是品牌擴散策略（brand proliferation），品牌擴散的做法是在各個產品空間中，由同一個廠商迅速推出不同的品牌，占據了所有的產品空間，例如在美式早餐麥片（Cereal）市場，可以用口味和甜度為區分，將不同品牌放在不同的定位，如圖5-3所示。

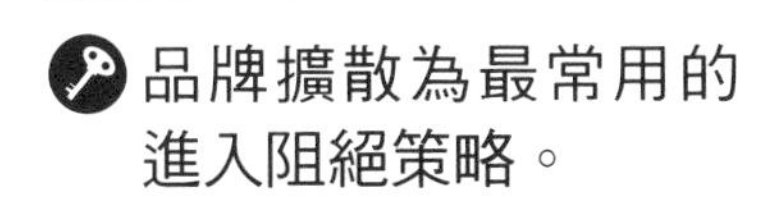

圖 5-3 早餐麥片市場品牌定位

口味

X X X X X X

X X X X X X

X X X X X X

X X X X X X

甜度

美國的食品大廠在早餐麥片市場中推出大量品牌，配合大量的廣告，較小的廠家根本無法生存，成功的阻絕了新廠進入，以美國早餐市場之大，也只有四家廠商獨占鰲頭。星巴克也不再只賣咖啡，也賣其他非咖啡口味的產品，產品線多達三十多種，對於鄰近的飲料店（咖啡、果汁……）造成莫大的威脅。

再如國內洗髮精市場，寶僑家品（P&G）推出「海倫仙度絲」、「飛柔」、「潘婷」、「沙宣」等品牌，每個品牌在產品空間中的定位均不同，各自吸引不同區隔的顧客，反觀國內品牌，因不善於經營多品牌策略，只能倨守一隅。

品牌擴散策略的基本假設是單一品牌的生產規模不夠經濟。新廠商的進入必須要同時擁有好幾個品牌，但同時要在品牌遍布的產品空間上，亦不容易爭取數個品牌的生存空間，因此新廠商無法進入。在經濟規模比較高的情況下，品牌擴散策略的做法比較容易成功。

（三）超額設備

第三個進入阻絕的策略是超額設備（excess capacity），如果產業的領導廠商擁有超額的設備，於是放出訊息告訴潛在的競爭者，如果潛在競爭者進入產業，領導廠商就會以完全的產能跟競爭者競爭。如圖5-4所示，假設廠商的平均成本曲線是LRAC，從LRAC的形狀可以看出此一產業有最小經濟規模——Q_M，如果進入廠商規模小於Q_M，成本會太高而無法生存，因此要阻絕進入，現有廠商的目的是將進入者的規模限制於Q_M之下。如果現有廠商的需求曲線是D_D，從需求曲線和成本曲線的交叉點，可知產業最大需求量是Q_D，如果領導廠商的規模是Q*，由於Q*和Q_D相差一個最小經濟規模，現有廠商可以威脅潛在進入者：一旦新廠商進入，現存廠商即全能生產超過Q*，如果顧客首先購買現有廠商的商品，剩下的需求不夠讓進入者達到最小經濟規模，因此在現有廠商保持超額的設備情況下，潛在競爭者自然不敢貿然進入。

圖 5-4 超額設備阻絕進入策略

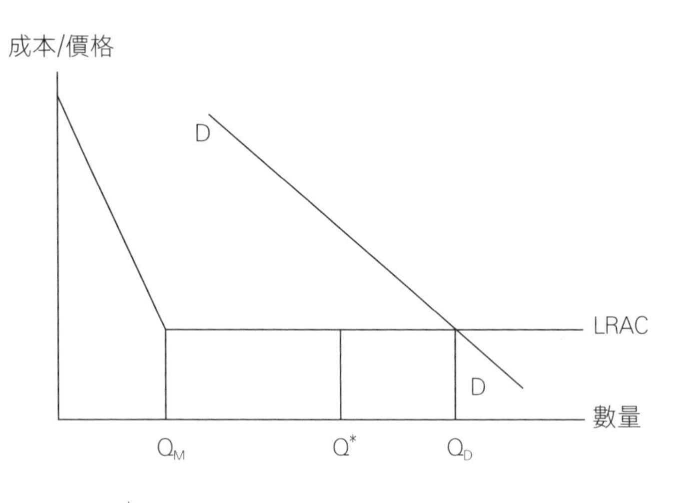

$Q_D - Q^* = Q_M$
Excess Capacity：Q^*

舉例來說，Caterpillar是全世界最大的建築用機器製造商，他們之所以獲得全世界之主要領導者的地位，就在於他們採取超額設備的策略，他們先預估全世界的需求量，然後再以超額的設備來供應全世界的需求，維持了將近二十年獨占地位，一直到80年代日本小松才得以進入國際市場。台灣的石化業也經常採取超額產能策略來阻絕進入。

（四）限制價格策略

第四個阻絕策略就是限制價格策略（limit pricing），限制價格策略的基本做法是保持比較低的價格，讓潛在的進入者誤以為現有廠商的成本比較低，而自覺無法和現存廠商競爭，而不打算進入；或在限制價格的策略之下，因為價格比較低，潛在進入廠商經過計算之後，會發現即使進入成功，在同樣的價格之下，獲利也不高，因此，限制價格的策略就可以防止潛在的競爭者進入。舉例而言，台塑的經營理念是不要剝削下游廠商，雖然是主要廠商，定價並不高，「只要一毛一毛的賺，不要一塊一塊的賺」，事實上，台塑的成本已經夠低，在只賺一毛，價格夠低的情況下，自然不會有廠商進入挑戰，可說是限制定價策略。

（五）提高競爭者成本

第五個進入阻絕策略就是提高競爭者成本（raising rivals' costs）。在很多種競爭狀況中，廠商發現降低價格競爭通常會得不償失，自己的損失比競爭者還要高。尤其對主要廠商而言，市場占有率高，稍微降價，總利潤損失不貲，因此無法動輒以降價應付進入者。

在這種情況下，有些廠商以提高對手的成本做為競爭方式。譬如說，廠商以垂直整合進入下游通路，阻絕競爭者的出貨，對手也一定要從事垂直整合，才能競爭，自然提高對手成本。再如大量花費在研究發展上，常常推出新產品，也使對手必須配合而增加他們的成本。美國的汽車需求一年至少7百萬輛，從最小經濟規模而言（引擎約80萬具，裝配約20萬輛），應該可以容納10家廠商，但汽車大廠採用每年推出新車型的策略，每年推出新車型需要重新修改模具、夾具，耗費不貲，小型車廠無法負擔，只好退出市場，經過20年代到50年代的競爭，最後只剩四家大汽車廠，一直到70年代日本車進入，才打破年年換車型的慣例。年年換車型對大廠的成本增加有限，但小廠卻無法負擔，是典型提高對手成本的策略。

大量的廣告支出也會使對手增加成本。筆者在美任教時，請桂格燕麥（Quaker Oats）的財務長到班上講學，他提及燕麥片市場每年可以賺一個資本額，道理也不難理解。當時桂格燕麥在美國市場占有率為50%，第二家廠商的市場占有率為25%，桂格燕麥只需要花10%的銷售額在廣告上就已經非常可觀，居第二位的競爭者就必須要花20%的銷售額在廣告上，才勉強能夠和第一品牌廠商互相競爭，但通常利潤卻達不到20%，令對手力有未逮，無法在廣告上和桂格燕麥競爭，桂格燕麥自然就能安享獲利。在很多種消費者產品中，就經常用到提高對手成本的策略。

聯合報和中國時報是另外一個提高對手成本的案例。在報禁開放之後，聯合報和中國時報大肆擴張人手，增加版面數目以穩定廣告客戶，使新進者在張數上、人力上，無法和中時及聯合互相競爭，因此增加對手成本，也增加了對手離開產業的機會。至今，只有撐過初期虧損的自由時報成功進入報業市場。

以上的兩個例子可以看出市場領導廠商的優勢，領導廠商因市場占有率高，研發、行銷的投資容易分攤，平均成本較小公司為低，讓領導廠商更容易維持其地位。

摩托羅拉大哥大手機的進入阻絕策略

摩托羅拉（Motorola）在80年代末期進入手機市場的同時也採取進入阻絕策略，據摩托羅拉經理告訴筆者，以往摩托羅拉進入新市場的傳統策略是先採高價策略，將研發投資回收後再降低價格，獲取更多利潤。但在手機市場，摩托羅拉有不同的策略考量，摩托羅拉這次以阻絕其他廠商進入為首要目標，以享受長期利潤，在大哥大推出初期，一隻手機曾高達三千美元，供不應求，但當生產順利後，摩托羅拉立即將價格降到一千美元，這是限制定價策略。

除了降價外，摩托羅拉還積極擴充產能，追求發揮經驗曲線效果，成本下降，當聽到其他大廠也欲進入手機市場，摩托羅拉願意替他人代工，以在經驗曲線上發揮更大的效果（先驅優勢和超額產能）。當競爭者推出價格較低但較重的手機，摩托羅拉也推出戰鬥品牌，不改現有手機設計，將外殼加大再灌入一點鉛，和競爭者的產品一樣又大又重（品牌擴散策略），再降價競爭，將對手趕出市場。

此外，摩托羅拉投入大量資金研發以提高對手成本，使摩托羅拉在類比式手機市場的確取得獨占地位。但在90年代初，諾基亞以數位式手機切入市場，才打敗了摩托羅拉。

台大EMBA的進入阻絕策略

台大在EMBA市場也採取進入阻絕策略。當時，政大企家班在在職企管教育市場獨樹一幟，成為第一品牌。1996年秋天第一學期，台大管理學院院長張鴻章即決定推出EMBA，但為了防止其他學校模仿，祕而不宣，一直到1997年二月教育部確定所有大學研究所招生名額後才宣布。屆時只剩一個月進行招生行銷，在這一個月內，台大投資廣告費，短時間之內造成轟動（這是先占策略）。結果第一次招生990名考生報名，政大隨即宣布在第二年跟進，但台大在1997年秋季利用甄試先於其他大學再招收EMBA，成功利用先占策略達到先鋒品牌（pioneering brand）效果。雖然先占成功，但台大當初採取限制定價策略，EMBA學費只收四萬餘元一學期，較公立大學為高，但和私立大學所差無幾。隨後，台大在兩年內將EMBA招生名額迅速自40人提高到135人，這是產能策略，建立市場地位後，台大EMBA隨即推出公共管理組及國防管理組，達到品牌擴散策略。

但EMBA市場始終是需求大於供給，台大的策略只是建立市場地位，無法阻絕進入，至2002年，全台灣已有66個研究所提供EMBA學位。

事實上，以上的這些進入阻絕策略並不見得對現有主導廠商絕對有利，執行這些策略的成本亦所費不貲，例如維持超額設備花費昂貴，限制價格也限制本身利潤。在這些情況下，廠商必須要考慮的是，防止其他廠商的進入是不是企業最重要的目標。由於進入阻絕策略的代價

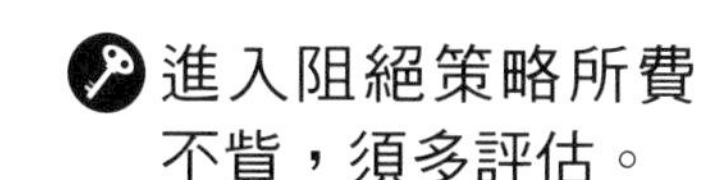

不低，而且進入阻絕策略的一個缺點就是其具備公共財（public goods）的性質，當某一個廠商採取了進入阻絕策略，自己本身受到財務上的損失，卻使其他競爭者共同獲利，這種情況下，除非產業中有一個主要的領導廠商，要不然某些進入阻絕策略是行不通的。

也因為進入阻絕策略代價過於昂貴，根據研究發現，品牌擴散策略是最常用的進入阻絕策略，因為品牌擴散的利益都是推出的廠商所享有，沒有外溢效果。

採取進入阻絕策略可以使競爭者「不願」進入或模仿，廠商還可以建立模仿障礙，使競爭者即使想模仿也「不能」模仿，來確保競爭優勢。

三、模仿障礙

基本上，成功的企業一定會成為他人模仿的對象，結果是競爭增加，造成競爭同質化（competitive convergence），利潤降低，尤其國內因為資訊不充足，人員流動率高，一窩蜂投資的現象特別顯著，企業要保持持久的競爭優勢並不容易。眾多研究顯示，競爭優勢及其帶來的超額利潤，平均而言最多不超過十年。有的研究將十年前的有超額利潤的大型公司分成一組，將績效不佳的分成另一組，兩組的平均投資報酬率差距可達35%，但十年後，保持組別不變，兩組公司的平均投資報酬率相差卻不到3%。所以除了極少數廠商外，超額利潤的好景不過十年。在晶片設計業中，聯發科技董事長蔡明介亦提出「一代拳王」理論，意謂晶片設計的領導廠商代代更迭，無法長久占據盟主地位，可見競爭同質化的嚴重性。

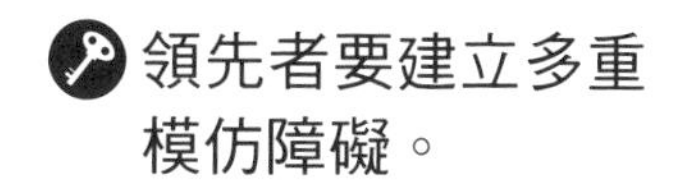

模仿既不可免，有競爭優勢的廠商只有加緊建立模仿障礙，以延遲競爭者模仿的速度。重要的是更要建立多重模仿障礙，讓模仿者一個山頭一個山頭攻，消耗模仿者的精力。一般而言，技術的差異化比行銷的差異化要容易模仿，產品創新容易利用逆向工程（reversed engineering）模仿，競爭者在一年內就可以知道新產品的所有訊息，製程創新容易外流，模仿的成本又只有創新的三分之二，因此技術上的模仿較容易，但行銷的差異化和消費者的認知有關，比較不容易模仿。

模仿障礙有下列幾種：

1. 法律限制

專利和其他智慧財產權明顯限制模仿的行動。研究發現，有專利保護的產品，其投資報酬率比任何產業都要高。但研究亦顯示，專利保護有限，平均只有三、四年，競爭者若有心，還是可以繞過領先者的專利，除非領先者能夠建立一道專利牆（patent wall），用數百專利將自己的技術團團保護住。

2. 控制關鍵投入資源

控制了關鍵投入資源，競爭者想要模仿也無能為力。如管理學院間的競爭在於教授的良窳，美國前十名的名校，其實是以挖角為主要競爭手段，前十大名校自行聘雇剛畢業的博士，且讓其從助理教授升到教授的不到5%，這些名校總是等到其他學校教授做出名聲來，再行挖角，只要控制了師資，二等學校不易競爭，這也是過去二十年，美國管理學院前十名學校的排名幾乎沒有改變的原因。許多自然資源產業例如鎳礦、鑽石礦等，均控制在主要公司手上，他人無法取得這些資源，根本無法模仿。如統一和7-Eleven控制通路的做法，亦可防止模仿。

3. 因果模糊性

成功公司的績效可令大眾輕易察覺，但造就成功的原因就讓外界如同瞎子摸象，莫衷一是。公司之所以會成功，也許是時機正確，也許是老闆英明，策略正確，或策略執行有方，或是所有這些因素的總和，但到底哪些是必要條件，哪些是充分條件，各因素和績效間的因果關係，實在隱諱莫名，不同人有不同的解讀。究其原因，在於成功企業的經營依靠隱性知識，所謂隱性知識指的是「只可意會不可言傳」的部分，例如如何將高爾夫球打得又高又遠，實在無法教授，他人也無法模仿。企業經營充滿了以團隊為主的隱性知識，模仿不易，除非團隊全部一起挖走，這一點在《進階篇》第八章知識管理的章節會有更詳細的說明。正因為企業成功有因果模糊性（causal ambiguity），在無法了解全貌的情況下，他人亦無法模仿。

4. 策略系統的複雜性

在本書第一章提到，企業策略由複雜的活動所構成，競爭者很難模仿全部策略系統，若只是模仿一部分，由於企業決策環環相扣的關係，很難達到效果。台塑企業管理系統複雜，各項子系統互相牽制、勾稽，要學台塑管理，絕無法靠學習片面之舉即可成功。台塑管理是「管理靠制度，制度靠表單，表單靠電腦」，有的公司，只學到電腦化，沒有學到制度；有的公司會複製台塑的表單，但沒有制度的落實，台塑表單沒有用處；即使抄襲了台塑的制度，沒有學到制度的精神和設計制度的管理哲學，還是徒勞無功。早年台塑管理人員出來開設「台育企管顧問公司」，希冀協助其他企業實施台塑制度，但由於系統的複雜性和因果關係的模糊性，難竟全功，至今已煙消雲散。

再如沃爾瑪百貨（Wal-Mart），其股東權益報酬率高達25%。因為沃爾瑪百貨的成功，創辦人華頓（Walton）家族成為全世界最有錢的家族，理應有人模仿，但由於沃爾瑪百貨的競爭優勢建構在其複雜的策略活動系統上，三十年來，沒有百貨公司能成功複製其活動系統。即使成功複製其全部策略活動系統，每年的銷售利潤率只有2%～3%，萬一在模仿的過程中，有所差錯，銷售淨利會下降至1%或者更低而造成虧損，能否模仿成功的不確定性所造成的風險，

策略活動系統加上因果模糊性造就沃爾瑪百貨長期高利潤。

亦讓模仿者卻步，因此三十年中，沒有廠商能成功模仿沃爾瑪百貨的企業經營模式。

5. 組織複雜性

企業成功所依賴的組織能力、工作習慣（routines），及人員彼此間所建立複雜的人際關係，都是無法模仿的障礙。豐田汽車的成功要素之一是和供應商間互信的關係，所以供應商願意為豐田汽車做長期的投資，放心地和豐田交換知識，這些關係的複雜性，不是輕易可以模仿得到的。

6. 經驗曲線與經濟規模

經驗曲線創造先驅優勢，先進入的廠商可以追逐經驗曲線降低成本，後繼者則無法模仿。同樣的，經濟規模要求模仿者投入大量資金，模仿障礙明顯增加。

7. 網路外部性

所謂網路外部性是指產品的利益是隨著使用者的數目上升，廠商先進入，賣的愈多，網路外部性的效果愈大，模仿愈困難。例如電子海灣（eBay）拍賣網站，賣方的人希望到買方多的網站去賣，買方希望到賣方多的網站購買。電子海灣首先進入拍賣網站，吸引買賣雙方，後進入者如雅虎、亞馬遜均無法和電子海灣競爭。

模仿障礙還有許多，如現有廠商的報復、模仿所需要的時間和現有買主的合約，廠商名譽和消費者轉換成本等，這些均是顯而易見的模仿障礙，在此不再贅述。

四、結論

企業建立競爭優勢後，更重要的是維持長久的競爭優勢，最佳的做法是保持「精進」，不斷進步，儘量拉大和競爭者的差距。對於潛在的競爭者，利用先占優勢、限制定價、超額產能、品牌擴散、提高對手成本等，來阻止潛在競爭者進入產業。對於現有的競爭者，則建立多重模仿障礙，利用策略和組織的複雜性、技術的控制、隱性知識的建構等，來延遲對手模仿成功的時間。如果無法精進，也無法用進入阻絕策略，模仿障礙又不高，企業只好再另找產業，建立新的競爭優勢。

本章精論

1. 競爭優勢大多是短期的。
2. 企業競爭是長期馬拉松賽跑。
3. 企業要積極拉開競爭優勢差距，消極防止進入和模仿。
4. 增加進入成本，維持競爭優勢。
5. 資產專屬性增加進入成本，也增加退出成本。
6. 產業要有主導廠商才會對進入者報復。
7. 品牌擴散為最常用的進入阻絕策略。
8. 進入阻絕策略所費不貲，須多評估。
9. 領先者要建立多重模仿障礙。
10. 策略活動系統加上因果模糊性造就沃爾瑪百貨長期高利潤。

策略精論

基礎篇

第六章

競爭態勢

一. 合作態勢

二. 創造謀合的策略

三. 競爭態勢

四. 決定合作或競爭的因素

五. 產業因素

六. 結論

企業選擇了策略定位、創造競爭優勢和差異化後，在市場上就應有所謂的市場地位（market power），因為有了競爭優勢，企業可以提高價格，而不用擔心市場占有率因此下滑。有了市場地位，企業才可考慮第三個策略要件：競爭態勢（competitive posture）。競爭態勢指的是在寡占市場中對競爭者採取競爭激烈或合作的強度。

在競爭者眾多的市場，廠商幾乎沒有選擇，只有遵照產業的競爭習慣。企業的策略只需要定位和差異化兩項，但若市場上只有少數的競爭者，就必須考慮對競爭者的態度，廠商要選擇是否要和競爭者進行激烈競爭，或是建立合作關係，競爭武器的選擇，或合作機制的建立亦會影響到企業的策略。

在寡占市場的廠商，廠商之間的相互依存性（interdependency）是首要考慮因素。所謂廠商間的相互依存性是指單一廠商的行為會影響到其他廠商的行為，例如，某一廠商的價格、廣告、投資會影響到其他廠商的價格策略，由於廠商間具相互依存性，在策略上必須考慮競爭廠商的反制策略。

競爭態勢可以是合作或競爭，但合作優先於競爭。

由於這種相互的依賴性，競爭者間可以在合作或競爭的態勢中間選擇競爭態勢。圖6-1描述競爭態勢基本的分析架構。這個分析架構甚為複雜，首先，先列出影響採取競爭或合作策略的因素，再列出各合作或競爭的策略選項，企業可以根據這基本分析架構，自行選擇適合產業生態和企業能力的策略。也許有讀者會認為這架構太複雜，但策略的選擇關係重大，必須跳脫原有「直覺」的想法，要有較複雜的分析程序。

圖 6-1 競爭態勢基本分析架構

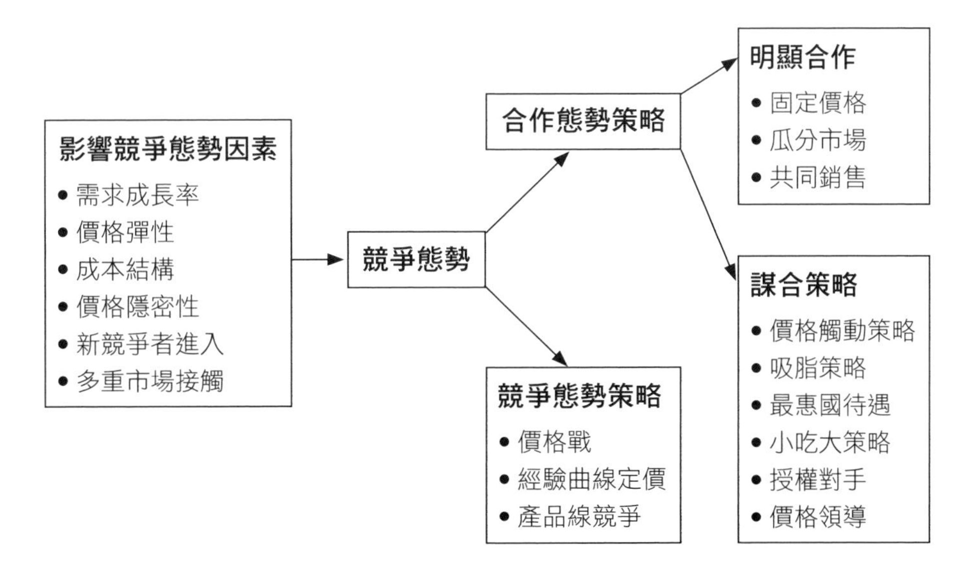

一、合作態勢

企業在競爭態勢的選擇上，是要採取合作（collusion）的態度或競爭的態度，這正是企業面臨競爭者時的問題。合作當然會避免價格競爭，利潤較高，但合作又囿於公平交易法的限制，且合作機制不易穩定建立，競爭雖是難免的結果，但企業考量股東權益，仍應考慮將合作策略列為首選，沒有必要，不做無謂的競爭。如果廠商採取合作的態度，企業間又有二種合作的方式：一種就是明顯的合作（overt collusion），另一種則是謀合（tacit collusion）。

廠商聯合形成卡特爾（cartel）這是最明顯的合作方式，廠商間形成合盟，以共同定價，共同銷售產品等方式進行合作，例如石油輸出國家組織（OPEC）由產油國共同組成，控制了油價及產出就是一種卡特爾。此外，卡特爾的形成除可控制價格外，廠商可以共同商議如何劃分市場範圍，界定彼此的市場占有率，彼此形成默契，不踏入競爭者的市場區域。例如美國鋼鐵業在二十世紀初，由美國鋼鐵公司的董事長蓋瑞（Gary）在週六晚上召集各鋼鐵業鉅子共進晚餐，商討全國鋼鐵定價。由於鋼鐵運費高，美國各地鋼鐵的價格應該依運費而不同，但為了避免競爭，廠商間卻規定無論從全國哪個工廠出貨，價格一律以匹茲堡為計算運費的基礎，完全消除價格競爭，這是有名的「蓋瑞晚餐」（Gary dinner）。國內一些產業鉅子共同打高爾夫球，也有異曲同工之妙。

「搓圓仔湯」也是中外常用的合作手段，美國重機電設備業的「月象」（moon phase）制度最著名。美國各地電力公司通常以公開招標的方式購買重機電設備，在50年代，重機電業者（主要是奇異和西屋公司）將美國分為不同區域，依據月亮的陰晴圓缺，讓各個廠商輪流取得得標的權利，沒有輪到的廠商則必須將標價提高。為了協調價格，還印了一本和電話簿一樣厚的價格書，以避免價格計算錯誤。但這種「搓圓仔湯」的做法，最後被美國政府逮到，重機電設備業中，七位副總鋃鐺入獄。

廠商還有許多方法可以來進行合作，透過產業公會也是普遍的潛在合作方式，由公會公布彼此的成本，廠商再根據成本來訂價，如此一來，訂出的價格也多雷同，避免了競爭。公會也常常公布產業產量的資料，根據產量資料，廠商可以推知市場占有率，對於占有率的變動也容易得知，更可以及早制裁不合作的廠商。

國內公平交易法實施不久，查出廠商間有明顯勾結的例子尚不多見，但價格統一在國內屢見不鮮。價格統一是指不論地點和成本結構，價格均是一樣，如照相業者的價格、首輪電影院的票價幾乎一樣，鮮奶統一在夏天漲價，房地仲介商有共同默契收取百分之五的仲介費用，但事實上，賣三千萬和賣三百萬的房子所花費的努力並沒有相差十倍，仲介費不應該有十倍之差，其中顯然有人為因素影響。價格統一，廠商間競爭的壓力隨之消滅，價格統一、分割市場，均是常見的合作方式。

但因為卡特爾中各成員的目標不同，有些公司著眼於搶佔目前的利潤，願意降價搶占市場，有些公司認為卡特爾內利益分配不公平，會產生欺騙的行為，背地裡降價爭取顧客，這些情況都令卡特爾不容易長久維持。這時，廠商間為了防止價格上的彼此欺騙，可以共同組織銷售公司，固定價格和產量，例如韓國的人蔘即透過官方的共同銷售公司行銷全球，讓廠商共同分享獨占利潤。

明顯合作是違法的行為。

但在有反托拉斯（Anti-trust）法或公平交易法的國家，這些明目張膽的合作是屬於明顯違法的行為，不應該從事。但從另一面而言，在寡占的產業，廠商並不想從事激烈的競爭，但又會擔心競爭者會竭其所能搶顧客，造成損失，因此，寡占的產業需要協調機制（coordination mechanisms），來培養彼此不激烈競爭的默契，這種「謀合」（不謀而合）的方式，正是廠商並沒有明顯的合約來約束彼此的行為，可是大家心照不宣，遵循默契來達到共同利益的極大化，可以說是不謀而合。下一節介紹創造培養彼此默契的策略。

二、創造謀合的策略

1. 價格觸動策略

觸動策略（triggering strategy）也就是「以牙還牙、以眼還眼」的策略，對手降價就跟著降價；對手漲價也就跟著漲價。觸動策略看起來似乎是激烈競爭的策略，但因為消弭了對手降價所獲得的利益，造成謀合（不降價）的結果。這正因為對手降價的目的是要奪取顧客，但廠商隨即跟進降價，讓對手無法吸引顧客又損失不貲，下一次當然不會再率先降價。一來一往，長期而言，彼此培養了默契，就不會進行價格競爭。一般菜市場的菜販，賣相同貨品，成本也差異不大，都會採取價格觸動策略，讓對手知道降價沒有好處，日子一久價格競爭即不復存在。

2. 最惠國待遇

有同樣效果的是「最惠國待遇」（most favored nation clauses），例如在合約中註明消費者一定能享受最優惠價格，只要消費者在市面上發現價格更低的同樣類型貨品，廠商一律降價到競爭廠商的價格，還付給消費者十倍差價當獎金。目前許多百貨公司或超市都使用這種策略。

謀合要建立合作的機制。

其實，最惠國待遇的目的和觸動策略一樣，等到消費者前來領獎時，廠商馬上將價格降到與對手一樣，讓競爭者無法靠降價獲取顧客。所謂的十倍差額就是獲得對手資訊的成本。

在工業產品市場上，最惠國待遇有不同的做法，工業產品在購買合約中會安排最惠國待遇條款，如果供應商在未來一定期間內，以較低價格賣給其他買主，廠商將自動獲得最新的低價，而且可以追溯既往。例如在鋼鐵業，鋼鐵廠每一季季初都會開出本季價格，並對買主保證，如果在未來三個月內有降價的行動，在這一季的所有買主均可享受降價的利益，鋼鐵廠會對這一季所有賣出的鋼鐵補貼差價，好比十月一日的價格是400美元一公噸，一個月之後，價格降為380美元，買主除了可以以每噸380美元購鋼鐵外，過去一個月所買的鋼，每噸還可獲得20美元的退款。在這個條件下，買主會認為鋼鐵廠對顧客有最低價保證，應該對顧客有利。但結果是「Too Good To be True」（好得令人難以置信，意指哪有這麼好的事）。

杜邦首先在Ethyl這項特殊化學品市場採取最惠國待遇條款，讓顧客以為有最低價保證，紛紛和杜邦簽約，隨後，杜邦的競爭者也跟進提供最低價保證，當產業中所有廠商均提供最惠國條款，結果和顧客想的恰恰相反。很明顯地，由於最低價保證，廠商不會隨便降價競爭，因為降價競爭會使得每一個消費者都會前來要求彌補差價，損失將會非常慘重。當產業的每一個廠商都有最低價保證時，沒有廠商願意降價，廠商因此也就避免以價格互相競爭，最惠國待遇的條款就是協調機制，結果是高價依舊，這真的是「Too Good To be True」。

3. 授權對手

透過專利相互授權，也可以限制競爭。舉例而言，A公司和B公司互相在研發上競爭專利權，如果A和B簽約，A答應其所取得的專利都一定會以成本授權給B，否則會付巨額賠償給B。在這種安排下，B想既然A研發成功會得到A的授權，A研發不成B亦無損失，何必多花研發費用，就不會努力去做研究發展。因B不會努力從事研發，A也就不用多花研發經費。因此A與B就可以分享市場上的共有利潤，這種方式稱為授權對手（licensing to rivals）。這是透過授權而合作案例，此合作需要的是授權的協定來協調維持彼此的利益。

4. 價格領導

價格領導（price leadership）也是培養與潛在競爭者謀合合作的方式，通常是由產業的主要廠商決定價格，然後其他廠商再跟進，這種方式既合法又可獲取較高的利潤。在美國鋼鐵業中，價格領袖就是美國鋼鐵公司，又因美國鋼鐵公司是全美效率最差的公司，生產成本最高，因此價格特別高，在價格傘保護之下，其他廠商均可獲得比較高的利潤。而國內公營企業亦通常是價格領導廠商，其來有自。

5. 產業的行規

產業各有不同的行規，這些行規的目的在於避免競爭。譬如說，有些公司會公開宣布說：「一定追隨競爭者的價格，如果有公司要降價競爭，一定會回應較低的價格。」，這樣的宣布在戰略上有很大的利益，它非常清楚地告訴競爭對手，如果降低價格將一定受到報復，無法獲得任何利潤，因此，競爭者喪失降價的誘因，減少了競爭強度。

有些行業的行規是遵守公會訂價，避免價格競爭。下述的轉包和聯營就是透過行規謀合的好例子。

6.「轉包」與「聯營」策略

轉包方式亦可用來培養產業間善意的氣氛，這是美國海事保險業的例子。海事保險合約都要經過競標的程序，可是在海事保險業中有個不成文的規定，任何公司得標後都要把一大部分合約轉包給其他保險公司，美其名是分散風險，事實上，由於有這種轉包制度，廠商間的競標行為就沒有那麼激烈，因為無論如何也會分到一杯羹。

國內的航空業也利用「聯營」達到謀合的目的。航空業的邊際成本低，票價應隨需求而定，在開放天空後，台灣小小的民航市場湧進將近十家航空公司。票價解除管制後，競爭激烈，旅行社先看準了航空公司固定成本高，有降價的誘因，先提供小型航空公司大筆訂單，但要求降價，小型航空公司為了回收固定成本，答應旅行社所求，價格戰於焉開打，台北－高雄線單程票價曾低至600元，航空公司不堪虧損，於是達成聯營的共識。所謂「聯營」就是幾家航空公司的機票可以互換，例如持遠航機票的顧客可以搭華航的班機，但事後遠航要支付華航票款，正因有此清艙價格的限制，為免虧損，遠航票價會高於其付給華航的票款。遠航和華航間的機票轉換價格就成為票價的最低標準，激烈競爭不再。因此「聯營」可達到避免價格競爭的目的。

大公司除非有成本優勢，不應進行價格競爭。 

以上的觸動策略、最惠國待遇、授權對手等等都是協調機制的代表，目的在於先創造合作的氣氛，因為有協調機制的存在，使得破壞合作的廠商將受到嚴重的損失。

除了培養合作氣氛外，以下兩種策略會讓競爭者沒有誘因反擊時。

7. 以小搏大策略（Judo Economics）

在直覺上，我們通常會認為小企業進入大企業獨占的市場時，一定會遭到報復，但事實卻不盡然。舉例而言，假設市場需求為100單位，為了計算方便，再假設變動成本為0，而且只有一個新的小廠進入，若現在價格為每單位10元，獨占的大廠獲利為1000元（10×100），現有小廠進入，生產規模為10單位，成本8.9元，為了搶奪市場，小廠的價格為9元，大廠有兩個選擇：

策略一：降價到8.9元將小廠趕出市場；

策略二：不理小廠的進入，仍然維持10元價格，但市場萎縮到90單位。

大廠應該選擇策略一或策略二？

採取策略一時，大廠的利潤為890元（8.9×100），但大廠還是獨占，擁有百分之百的市場；採取策略二時，大廠的利潤為900元（10×90），大廠放棄小部分市場，但價格維持10元。

策略二的利潤顯然較高，這點和大廠不應容忍小廠進入市場的直覺結果相反。原因為何？

其實道理不難理解，當大廠要降價將小廠趕出市場時，大廠對每一個單位都要降價，每個單位降1.1元，100個單位的損失是110元（1.1×100）；但若放棄小部分市場，損失不過10單位，總共損失100元（10×10），比降價的損失少，因此大廠不回應小廠的進入比較划算。

但若小廠不甘臣服，欲將產能擴充到15單位，這時大廠算計過後，就會發現報復對自己較為有利，就一定會報復，降價將小廠趕出市場。因此要用以小搏大策略，一定要維持「小」的優勢，否則會遭致報復。

大公司應進入非價格競爭，以品牌、研發取勝。

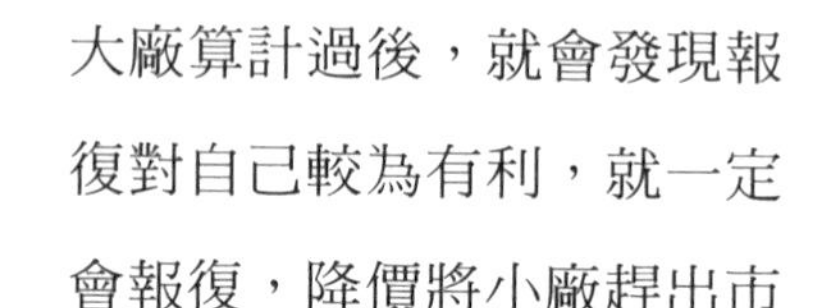

國內DRAM（動態隨機存取記憶體）廠商可以利用「以小搏大」策略，在國際DRAM市場獲得存在的空間，國內DRAM廠在世界市場的占有率不過15%，但2002年台灣茂德和力晶正積極建構12吋晶圓廠，會不會因而遭致大廠的報復？利用上述的立論可以推知，只要台灣廠商維持「Judo」，遭大廠報復的機會應該不高，但DRAM大廠間價格競爭激烈，小廠也遭池魚之殃。所以以小博大策略的前提是大廠間的合作氣氛。

8. 吸脂策略

吸脂策略（cream skimming）是指廠商只拿金字塔上最頂端的市場區隔，如同吃蛋糕時只吃蛋糕上的奶油一般，但其他大廠卻不會報復。例如郵局經營全台灣的郵件快遞市場，必須補助偏遠地區郵政的需求，成本較高，但民間業者只經營量大、成本較低的台北市市場，是典型的吸脂策略，郵局不會降價反擊，競爭較不激烈。

當年和信電訊的哈啦900的成功歸功於採取結合吸脂策略和以小博大策略的絕佳案例。

2001年，和信電訊在台灣無線通訊面臨的是台灣大哥大，中華電訊和遠傳等三大公司的競爭，市場佔有率只有15%左右，推出每月900元打到飽資費方案（網內互打免費，網外贈送200分鐘），當時台灣無線通訊業每月每人平均收入（ARPU）為750元，900元打到飽顯然是吸收每月打超過900元的高端用戶，也成功吸引一些經常互打的團體（如公司業務員）轉到和信電訊。雖然和信電訊的高端用戶會轉到哈啦900，降低和信電訊的收入，但和信的哈啦900可以吸引三大電信公司的高端客戶，由於本身規模小，損失有限，卻吸引更多的高端客戶（殺敵一千，傷己一百的策略）。

三大電信公司無法回應，因為推出同樣資費的方案形成對本身客戶的降價，徒增損失，只好看著客戶逐漸流失，最後由遠傳將和信買下，才結束哈啦900的衝擊。

以上所提的創造合作競爭態勢的機制和策略並不完整，只是可能合作方式的冰山一角，美國產業組織學者薛荷（Scherer）在回顧美國托拉斯法的歷史後曾言：廠商可能合作的方式超乎人類的想像。

三、競爭態勢

如果廠商要採取競爭態勢，在定價上可以採取攻勢，展開價格戰，或隨著經驗曲線而定價，但價格戰對敵我雙方均不利，不如利用非價格的競爭，來削弱對手的實力。IBM在60年代主機電腦的競爭即為一例。

60年代IBM在電腦主機的市場占有率達70%，還想盡辦法來打擊對手，分析對手和美國司法部對IBM的控訴，筆者整理出IBM的競爭策略如下：

（1）提早宣布新產品的推出

為了避免客戶轉向購買競爭對手CDC（Control Data Corporation）的產品，IBM提早宣布研發上還不成熟的新產品，事後再宣布新產品延後推出。例如CDC宣布在年底推出和IBM電腦相容功能更強的新產品，IBM的新產品雖然並不成熟，也回應CDC的訴求，告訴消費者年底也會推出類似的新產品。

（2）綑束策略（bundling）

客戶要用IBM主機，也要用IBM的周邊附屬設備（peripherals）和軟體，這是延伸IBM在主機市場的地位到其他市場，同時防止競爭者進入IBM相容的軟體及設備市場。

（3）拒絕維護使用其他品牌周邊設備及軟體的IBM主機

為了執行綑束策略，IBM對於使用其他品牌電腦周邊設備的顧客略施薄懲，不是不維護主機，就是提高該客戶的維護費用。

（4）主機價格高，周邊設備價格低

主機市場進入障礙高，只有兩家競爭者，周邊設備市場進入障礙低，競爭廠商眾多，因此IBM將主機價格提高，周邊設備價格降低，以適應競爭環境。對客戶而言，電腦系統的總成本並沒有增加，但對IBM而言，競爭力因而增加。

（5）免費訓練使用者

IBM免費訓練使用IBM主機的電腦人員，花費龐大，也逼著對手免費訓練其主機人員，明顯提高對手成本，而另一方面增加程式設計人員的供給，降低程式設計人員的價格，以降低客戶電腦系統的總成本。

（6）進行價格歧視，提供教育機構較低的價格

IBM鼓勵學校使用IBM電腦，讓學生提早熟悉IBM電腦，就業時也會繼續使用IBM電腦，如此又增加IBM軟體人才的供給，降低IBM系統總成本。

（7）如果客戶計劃轉換到競爭者的機種，IBM將拒絕展延它的契約

以前，IBM主機採用租賃方式讓客戶使用，若客戶計畫轉換到競爭者的系統，而新電腦要在IBM租約期滿後一段時間才能裝機，客戶會要求IBM展延契約，此時，IBM會拒絕展延，逼得IBM競爭者（例如CDC）購買IBM主機提供準備轉換的客戶使用。

（8）IBM利用本身的購買能力，要求供應商也要使用IBM的主機

這是所謂的「互惠式購買」（reciprocal buying）。IBM利用本身大量採購的優勢，延伸其市場地位，要求其供應商也用IBM主機。同樣地，國內某百貨公司亦要求其往來廠商在其關係企業銀行開戶。

（9）垂直整合，進入電腦租賃業

主機電腦技術變遷甚快，購買的電腦會遭受技術淘汰的風險，為了分攤風險和分攤昂貴的投資（60年代主機電腦價格高昂），電腦租賃業應運而生，一方面減少客戶面臨的技術變動風險，一方面分攤成本，IBM也不缺席，進入電腦租賃業。

（10）IBM為了要鼓勵買主用租賃而不用購買的方式，採取了以下的措施

租賃是價格歧視的做法，在《進階篇》第二章價格策略將有詳細的解釋。

- IBM常常推出新機種→增加了技術落伍的風險，助長租賃的誘因。
- 購買的價格加上利息比租賃價格高→減少購買誘因。
- 當顧客以IBM舊主機更換新主機時，IBM給的折扣非常低→減少購買誘因。
- IBM增加客戶舊電腦的維護費用→減少購買舊電腦主機的誘因。

IBM同時運用這十項競爭策略，成功維護其在市場上的主導地位。從IBM的例子也看出：只要有競爭優勢和市場地位，競爭策略揮灑的空間也大。企業要發揮創意，在本身的強處上發揚光大，打擊競爭者。

再如英特爾在微處理器上的競爭，也是交互運用價格競爭策略和非價格競爭策略。當英特爾市場占有率低於70%時，英特爾就會降價反擊，平常英特爾以強大的研

發能力加上「Intel Inside」的廣告訴求，壓制競爭者增加市場占有率。

競爭態勢決定了價格策略和非價格策略的選擇。但是如何選擇合作或競爭的態勢？在下一節會有詳細說明。

四、決定合作或競爭的因素

基本而言，分析合作或競爭可從「賽局理論」的觀點來推演，這點會在《進階篇》第一章中再詳述，本章從常識的觀點來闡釋競爭或合作策略。

如果廠商間合作的默契比較容易達成，或合作的利益較高，合作的態勢比較容易形成。但合作的態勢形成後，能否繼續維持，要視廠商是否會破壞默契，及不合作所獲得的利益而定。例如合作廠商彼此約定合作的價格遠高於變動成本，如果其中有的廠商降低價格搶奪顧客，獲利自然可觀，但要決定不遵守合作協議前，廠商必須要考慮（1）降價被對手發現的可能性；（2）被發現後，對手採取報復的可能性；（3）及對手報復的強度為何。如果

競爭或合作視產業競爭生態而定。

欺騙的手段不容易被發現，即使被發現，報復的機會也不大，即使報復，報復的火力也不強，合作的默契就不容易維持。許多個別產業和廠商的因素影響了合作或競爭的利益，從而影響合作或競爭的態勢。這些因素如圖6-2所示。

圖 6-2 影響合作態勢的因素

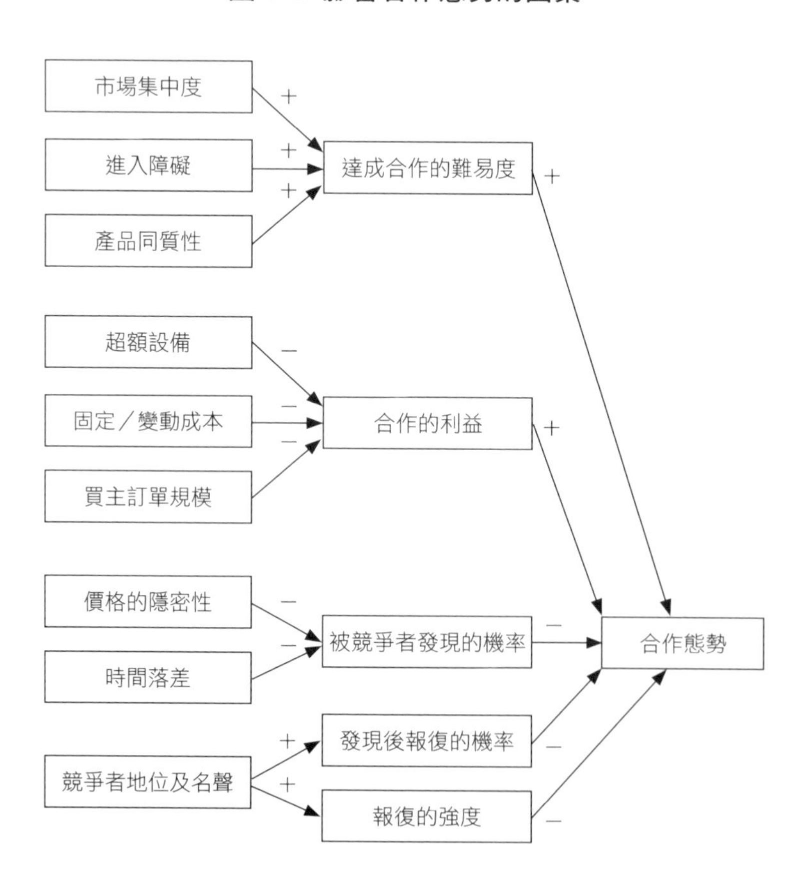

圖6-2甚為複雜，有些因素影響達成合作的難易度，有些會減少合作的利益，必須完整分析每一個因素，再決定合作態勢能否達成。當然，每個產業競爭生態不同，各項因素交互影響亦不同，使得分析更形複雜，競爭或合作的策略即是視個案而定。

五、產業因素

以下就分析各因素對競爭或合作的影響。

1. 達成合作的難易度

在產業競爭生態的章節中，曾分析增加或減少競爭的因素。市場集中度高，廠商數目小於十的產業，協調容易，比較容易達到合作的默契。如果廠商的數目超過十，要靠產業公會來達到協調合作的效果，合作的默契就較難達成。如果產業的進入障礙高，產業競爭程度低，合作的默契也比較容易形成。第三個因素是產品的同質性（homogeneity），如果產品品質特性不同，業者無法在產品標準上達成共識，沒有標準產品，合作訂價會非常困難。因此產業卡特爾的形成多屬於和天然原料有關的產業，例如鑽石、石油、釉礦等，原因無它，即天然礦產的標準很容易訂定。但如汽車的品質、特性均不相同，定價傾向不同，如果汽車製造商要合作起來訂出統一價格，殊難找出公平的價格做為合作的基礎，因此產品的同質性會造成合作的態勢。但產品同質性只是合作的必要條件，產品同質也容易造成競爭，只能說，沒有產品同質性，就沒有合作定價的可能性。

2. 合作的利益

其次，如果產業供給大於需求，在超額設備的壓力下，競爭壓力也隨之增加，合作自然無法形成。當固定成本高，變動成本低，廠商為了分攤固定成本，只要價格高於變動成本，廠商就會生產，競爭就增加。但長期而言，廠商勢必無法忍受價格長期低於平均成本，廠商的競爭態勢會從競爭轉為合作。

而訂單的量也會左右廠商的競爭態勢，如果訂單量大，原本合作的廠商會算計，如果欺騙對手，而拿到大訂單，所獲得的利潤只要超過對手報復的成本，於是就會破壞原來合作的氣氛，在搶訂單時，激烈競爭。因此當大訂單出現時，也是合作默契終止之時，這可以解釋台灣資訊業雖然市場佔有率超過70%,但面對市場集中度高的買方市場，無法形成謀合。

此外，產業的經濟循環也是一個重要的因素。通常在產業成長期，產業大量擴充設備；在蕭條期，多餘設備就成為競爭主要來源。因此在產業衰退的時候，競爭就比較激烈。當產業有明顯的週期性，合作的默契就很難培養，廠商傾向於競爭。美國航空業就具有這種特性，自1979年解除政府管制後，到2002年已有130家航空公司宣布倒閉。

3. 被競爭者發現的機率

固然許多產業因素決定廠商採取競爭或合作的策略態勢，策略態勢亦受到廠商本身的一般做法和策略運用的影響。

第一個因素是**價格的隱密性**（price secrecy）。如果對手無法得知價格，廠商有比較高的誘因來欺騙對方。祕密降價可以從對手那兒搶到顧客，加上價格隱密性，另外一方並不知道，對手雖然知道本身顧客流失，可是並不容易發現喪失顧客的原因，以及哪一位合作者在祕密降價欺騙其他業者，因此無從報復。所以價格的隱密性會造成競爭的結果。所以招標時，招標廠商不應該公布得標價格，才能破壞投標廠商的默契，鼓勵投標廠商彼此競爭。

第二個原因是**報復時間的長短**。從合作的一方發現被欺騙到報復，通常都有時間差距，如果時間差矩夠長的話，一般而言，欺騙的誘因就比較高，合作不易達成。

4. 新競爭者的進入

最後的一個理由就是新廠商的進入。通常業者間合作造成較高的價格，因此造就了超額的利潤，超額的利潤就會吸引其他廠商進入產業。新廠商的進入使得原來的合作型態變得不穩定，在這種情況下，原來的合作型態很快就會瓦解。這也是為什麼國內水泥業者反對台塑設立水泥廠的原因，因為如果台塑設立水泥廠，自然所有檯面上的合作計劃，都不見得會成功。OPEC也是個很好的例子。當蘇聯進入國際石油市場時，石油價格曾經重挫三成。

用賽局理論可以解釋合作或競爭。

以上只有在文獻中出現的變數，實務上還有許多因素待考慮，例如美國市場大，航空業競爭激烈，台灣市場小，廠商數目少，容易合作。因此同樣產業，不同國家，合作的結果可能迥然不同，因此要判定產業的競爭殊不容易。本章提供思考的方向，如何運用，存乎一心。

六、結論

競爭態勢是策略的第三個要素，影響競爭或合作的因素很多，是否採取競爭或合作的策略要看各項因素綜合的影響，每一個個案考量的因素，及各個因素的比重均不相同。決定了競爭態勢後，還要選擇適合的競爭策略，這又要發揮企業的創新能力，將不同的競爭策略，配合本身的資源和能力，才能開發出新的競爭方式。

本章精論

1. 競爭態勢可以是合作或競爭，但合作優先於競爭。
2. 明顯合作是違法的行為。
3. 謀合要建立合作的機制。
4. 大公司除非有成本優勢，不應進行價格競爭。
5. 大公司應進入非價格競爭，以品牌、研發取勝。
6. 競爭或合作視產業競爭生態而定。
7. 用賽局理論可以解釋合作或競爭。

MEMO

策略精論

基礎篇

第七章

公司集團的策略：多角化

一. 多角化的動機

二. 多角化策略

三. 多角化的手段

四. 多角化的績效

五. 多角化分析模式

六. 結論

成長是企業追求的重要目標，成長率高的公司，本益比高，公司市值也高，因此，公司長期成長率的重要性超過短期獲利率。

公司的成長途徑基本上有兩個方向，一是在本業內成長，二是透過多角化到其他產業追尋成長機會，如圖7-1所示。在本業成長的策略包括向前垂直整

> 多角化是公司成長的必經之路。

圖 7-1 成長的策略選擇

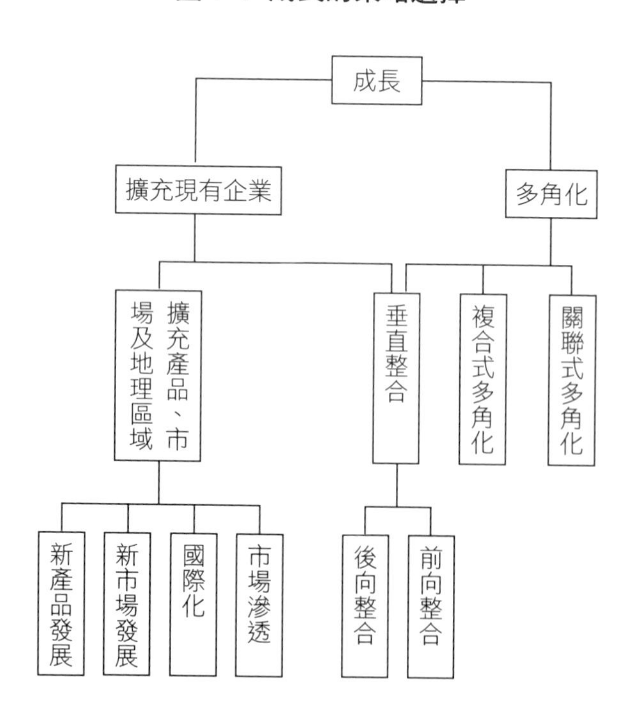

合（進入買主的行業）或向後垂直整合（進入供應商行業），水平成長策略包括市場滲透（深耕現有市場）、產品線擴張、地理區域擴充（國際化）、市場擴張等。但公司的成長受限於產業的生命週期，無法在本業永遠長期成長，因此多角化（diversification）是廠商成長的必經過程，事實上，大多數的大型企業都是多角化的公司。因此，長期而言，多角化是大型企業必經之路。美國能存活百年的公司，大多數是多角化的公司。

形成多角化企業後，企業面臨的不再是單一企業的競爭策略問題，而是如何在各個企業中，追求企業集團經營的整體績效，因此多角化企業需要從公司整體的角度來規劃未來發展方向、整體資源的分配，和追求核心競爭力的延伸。基本而言，公司集團策略包含多角化策略、購併策略和垂直整合策略。本章首先介紹多角化策略。購併和垂直整合策略將在《進階篇》第三章和第五章再做論述。

多角化失敗比率高。

公司進行多角化，進入新的事業並不是件難事，但如何經營多角化的企業，讓多角化發揮效果，反而是多角化企業必須嚴肅面對的議題。多角化失敗的比例可能超過一半，失敗的原因大多是策略和執行的錯誤。公司進行多角化之前必須慎思，不能執意多角化，而沒有執行的章法和配套措施。本章的重點在於探討公司應如何採取多角化策略，多角化事業的管理則將會在《進階篇》第九章再做討論。首先，即介紹企業多角化的動機。

一、多角化的動機

多角化的目的是透過管理不同產業的企業，可以為股東創造更大的價值，換言之，個別企業原有其市場價值，而在將不同企業納入同一集團後，集團的總價值應該超過個別企業的總和。因此，多角化的策略在於如何創造更多企業間的綜效（synergy），發揮一加一大於二的效果。多角化價值的創造是由下列因素構成：

1. 降低營運成本

多角化讓集團內各個企業可以分享共同的活動，例如共同採購，共同行銷，使用共同零組件，共同使用一套管理資訊系統。在行銷上可以互相搭配，進行交叉銷售（cross selling），甚至使用共同品牌，降低營運成本。例如百事可樂買下肯德基炸雞後，肯德基即搭配百事可樂賣炸雞。多家企業間的相互支援亦是多角化的動機，但這卻增加了管理上的困難度。

2. 降低資金成本

多角化使得公司不必靠單一的產業存活，降低了產業對公司經營的風險；多角化公司各事業部的現金流量不會完全相關，經營風險可以分散，有效降低廠商倒閉的風險，因此多角化廠商所發行的債券利息較低；再者，多角化可以增加廠商財務調度的靈活性。如美國的大型公司都設有財務公司，由於母公司債信良好，發行短期商業本票的利息低，母公司在資本市場以短期商業本票募集到資金後，再由財務子公司負責撥款事宜，財務公司提供低成本的資金供公司發展新事業或購併之用，奇異資融（GE Capital）即是最佳例證。

除此之外，多角化企業對於內部的子企業在資源分配上將比資本市場更有效率，這是因為集團企業對旗下子公司有絕對的控制權，對於資訊的掌握比資本市場精確。資本市場對於公司的資訊了解有限，因此集團企業在內部形成小型資本市場，在資源分配上，比外部資本市場更有效率。

3. 創造新的成長機會

當原有的產業凋零時，企業必須多角化進入新產業，創造新的成長機會，有些公司甚至透過多角化完全脫離本業。美國製罐（American Can）公司眼看製罐業在大型原料供應商（鋁和鋼）和大買主（飲料商）雙面夾殺下，利潤微薄，於是進行多角化至印刷業、零售業、保險業，最後選定金融業為主業，賣掉和金融業不相關的企業，完全脫離製罐業，購併多家金融公司，最後更和旅行家集團（Travelers）合併，而新集團在1998又和花旗銀行合併，成為全世界最大的金融公司。西屋（Westinghouse）公司原橫跨金融、核能、廣播電台、傢俱、家電、國防工業各產業，但在80年代末期，西屋在金融業投資遭受重大損失，西屋公司新任執行長決定將所有企業賣掉，和哥倫比亞廣播公司（CBS）合併，西屋公司成為消滅公司，完全脫產至傳播業。

4. 延伸核心競爭力

延伸核心競爭力到其他產業是多角化的主要利益。

廠商利用現有的競爭優勢，比方分配通路、產品技術等，進入其他產業，增加原有產業的附加價值。例如中國砂輪從製造磨豆漿的砂輪，延伸核心競爭力至製造磨晶圓的砂輪，就是極佳案例。

5. 降低對手競爭意願

多角化企業和競爭對手在數個不同的市場競爭時，將會降低對手的競爭意願。例如A公司和B公司同時在X市場和Y市場上競爭，如果B公司在X市場上和A公司做激烈競爭，A公司可以在Y市場上對B公司報復，在雙方恐怖平衡下，多重市場接觸（multi-market contact）會降低彼此激烈競爭的意願。

6. 增加管理人員晉升機會

集團企業家數眾多，高階經理的位子也多，形成內部人力市場，提供經理人員好好表現的誘因。

上述為可取的多角化動機，建立企業王國（empire building）則為比較不可取的多角化動機。有些企業領導人好大喜功，認為企業規模愈大，本身愈有面子，因此多角化進入汽車零售業般銷售金額高的事業，一心一意只想擴大規模。

研究顯示，美國專業經理人控制的公司比大股東經營的公司更願意進行多角化，這是因為企業規模大，公司高層主管可以增加本身的薪水、退休金等福利，此外，多角化公司倒閉的風險減少，經理人員不致失業。至於多角化的績效不彰，反正已是下任經理人員的事。

公司不可為了多角化而多角化。

國內還有些家族企業，由於子嗣眾多，只好進行多角化，每個事業成立新公司，好有足夠事業供分家之用。這些多角化動機並不可取。

投機式多角化也不可取。在海峽兩岸常見的多角化是進入房地產業，房地產業是暴起暴落的行業，現在看似有暴利可圖，但長久而言，卻不是多角化的方向。舉例而言，如果現在投資10億進房地產業，3年可以翻倍，要不要投資？這要考慮資金的機會成本，如果10億投資本業，每年保守可以賺10%，7年就可翻倍，看起來比投資房地產要差，但房地產風險高，3年雖然可以賺一倍，但並不是每3年都有這種暴利的機會，這3年可以賺一倍，下個3年就不一定，和每年經營實業賺10%而比，長期而言，並不見得利潤高。但也許有人說，先賺3年再說吧。

但3年真的賺了一倍，錢來的太容易了，也不會老老實實經營每年賺10%的企業，結果是拖垮本業。所以要多角化進入房地產業，就要進入這個行業，而不是抱著投機心態進行多角化。

二、多角化策略

多角化的目的在增加企業的價值，企業價值的增加又取決於公司的多角化策略，及公司採取多角化的手段等要素。首先我們即討論多角化的策略。

多角化基本上可以分為三個策略：

1. 垂直整合

垂直整合（vertical integration）意指向買主（前向垂直整合）或是供應商（後向垂直整合），在價值鏈上增加企業利益的方法。例如中油經營加油站即為前向垂直整合。統一集團從做麵粉到賣麵包，也是垂直整合的例子。

2. 關聯性的多角化

關聯性多角化（related diversification）表示現在的企業和要進入的新企業之間有些關聯，這些關聯可以是產品技術上的關聯，也可以是在行銷技術上的關聯，或者是在消費者基礎上的關聯。

3. 非關聯性的多角化

非關聯性的多角化（unrelated diversification）就是集團企業的子企業間並沒有什麼關聯性，例如生產波蜜果菜汁的久津實業多角化到寬頻通訊設備即是一例。長期進行非關聯多角化的結果，是形成彼此沒有業務相關的複合企業（conglomerates）。例如美國RCA公司原是電子公司，在60年代卻購併書籍出版商、租車公司成為高度多角化的複合企業。

三、多角化的手段

一般而言，公司可以採取內部成長的方式或是外部購併的方式進行多角化。內部成長的方式指的是公司自行進

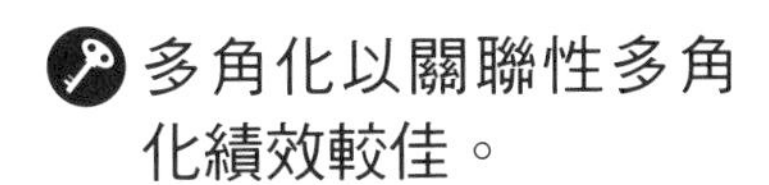

入新事業，發展技術，重新買地蓋廠房，時間花的比較長。可是研究顯示，內部成長方式進行的多角化所獲的利潤也比較高；第二個方式是利用購併其他公司進入新事業，研究結果亦顯示，四分之三的多角化是透過購併的手段達到的，但以購併方式多角化的績效不彰。

四、多角化的績效

以購併方式進行多角化的績效雖然較差，但利用股票市場上的操作來購併其他公司，讓企業可以快速進入新產業達成多角化的目的，但付出的代價也比較高，企業通常要付超過市價20%或30%的溢價，而且購併公司一宣布要購併其他公司，目標公司的股票立即上漲，購併公司的股票立即下跌。事實上，研究顯示，購併後績效能超過資金成本的只有四分之一，換言之，有四分之三的購併案件是以失敗收場。但這只是表示，購併是很難的管理技術，並不表示企業要放棄購併做為成長的手段。購併就像推出新產品一樣，風險雖高，但有時必須要做（購併策略請見《進階篇》第五章）。

相對來說，內部成長式的多角化，雖然可能要經過數年始見獲利成果，但這是比較穩健的做法。

雖然多角化可以有營運、財務、行銷、人事上的利益，但從績效的標準來看，平均而言，多角化的績效並不佳，關聯性多角化的績效比垂直整合與非關聯性多角化的績效都要好。最有趣的發現是，非關聯性多角化的績效遠遜於共同基金（mutual funds）的表現。共同基金是在股票市場上的多角化，本身就已分散了風險，可是共同基金並不在產權上控制任何企業；複合式的企業卻對企業有控制權。複合式的企業雖多角化，可是它的績效卻遠差於多角化的共同基金，這表示在股票市場上成功的多角化操作，反而優於在產品市場上的多角化。

從上面這些研究可大膽推論，比較成功的多角化策略是購併生命週期在成長期的中小型公司，慢慢學會如何去管理另一個行業的公司，然後跟著行業成長而茁壯。換言之，先以外部成長再以內部擴張的策略進行多角化，只要目標產業成長率高，日漸壯大的企業可以分攤當初以購併進入產業時所付的高成本。簡單而言，這就是「buy and build」策略。

五、多角化分析模式

在研究產業成長多角化上，有兩個分析工具可供使用，一是「SWOT分析」另一則為波士頓顧問公司（Boston Consulting Group, BCG）所發展的「BCG多角化策略分析」。SWOT分析已在本書第二章中加以解釋，此處不再贅述。接下來我們即討論波士頓顧問公司所提出的分析工具。

（一）BCG多角化策略分析方法

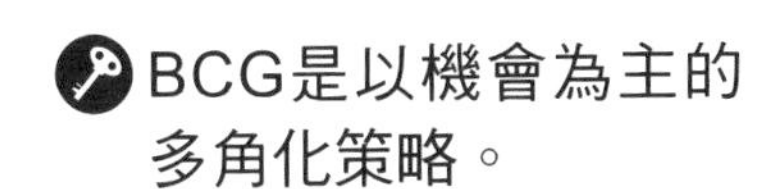

波士頓顧問公司首先認為，追求成長率的極大化是公司的多角化最終目標，可是公司成長需要資金，也受到產業成長率的限制，因此公司多角化的策略必須在產業成長率和公司現金流量的限制下，追求成長率的極大化。

由於受到現金流量的限制，企業在追求多角化時，必須抽取低成長率事業部的資金，用來補貼成長率高的事業部。事業部的現金流量受到兩個主要因素的影響：

1. 產品生命週期

產品生命週期是產品隨著時間，而逐漸從成長期到成熟期然後逐漸下降，產品生命週期決定了事業部的成長率。成長率高的事業部所需要投注的資金也多，現金流量可能為負，而成長率低的企業所需投注的資金也少，多餘的現金流量貢獻給成長率高的企業應用，能加速整體企業的成長。

2. 經驗曲線

經驗曲線指的是單位直接成本隨著累積生產數量的增加而下降。根據過去的研究，半導體、汽車和飛機工業等，都顯現出非常顯著的經驗曲線。

BCG是由上而下（top-down）的策略規則。

由於有經驗曲線的存在，公司的市場占有率愈高，累積產量也愈高，每單位的直接成本和間接成本均愈低，獲利率也愈高。因此市場占有率愈高，獲利率也愈高。

根據以上的二個因素，波士頓顧問公司導出「BCG矩陣」（BCG Matrix），如下頁圖7-2所示。BCG矩陣的縱軸是市場成長率，橫軸是市場占有率，根據市場占有率和市場成長率的高低，可以產生四種不同的組合。

圖 7-2 BCG 矩陣

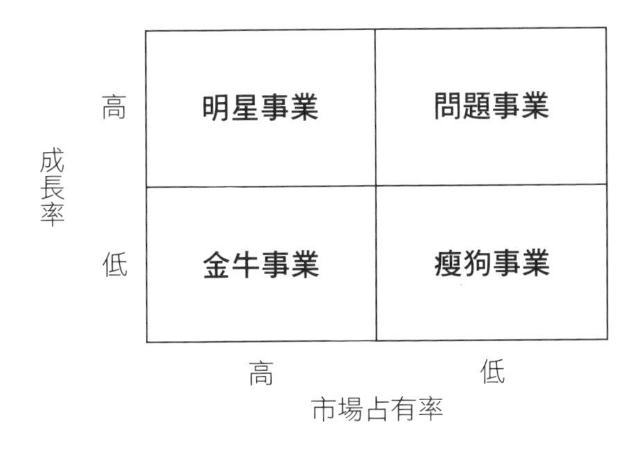

有些企業可以歸類成「明星（star）事業」：市場占有率和成長率都高的企業，明星事業可以帶來成長率，但相對而言，又有足夠的利潤可以提供本身成長所需的資金。如果市場成長率高，但市場占有率不高，表示未來發展空間較大，有望提高市場占有率，但需要公司提供資金供其成長，這種事業是「問題（problem children）事業」，公司應培養問題事業，讓問題事業積極成長轉化為明星事業。第三個歸類即所謂的「金牛（cash cow）事業」：金牛事業存在於市場成長率低，不再需要資金的產業中，其高市場占有率可以為企業帶來多餘的現金，挹注資金給公司內其他問題事業，培養問題事業成長。最後一類就是「瘦狗（dog）事業」，瘦狗事業的市場占有率和成長率都低，獲利低，但資金需求量也低。

上頁圖7-2是靜態的分析，BCG認為企業應該握有平衡的事業部組合（balanced portfolio），擁有一些問題事業部，作為企業未來成長的契機，有金牛事業部提供資金做為未來成長之用。加上一些明星事業部可以提供利潤，亦可帶動企業的成長。

BCG強調長期規劃的重要。

BCG對公司所有的事業部進行分類，從公司總體觀點出發，賦予各自的策略任務，根據BCG矩陣，每一個策略事業部（Strategy Business Unit, SBU）有三種策略上的選擇：

（1）成長（growth）的策略：即企業的目的是在產業中積極獲取市場占有率；

（2）維持（maintain）的策略：就是公司不做大量的投資，目的在維持現有的市場占有率；

（3）收獲（harvest）的策略：表示公司無意再投資於這一方面的企業，只是希望得到現金流量，公司遲早必須脫離這個產業。

明星事業部和問題事業部的策略目標是追求高度成長，

金牛事業部的策略目標是製造現金流量，提供其他事業成長的資金來源。瘦狗事業則是企業考慮要裁撤的事業。

（二）BCG的動態觀

BCG的精華在於動態的觀點。由於產品生命週期變動的緣故，某些事業逐漸由問題事業成長為明星事業，而明星事業會隨著產品生命週期的循環，成長率逐漸降低，進入成熟期，轉化為金牛事業，等到了產業衰退期，產品開始沒落，就由金牛事業成為瘦狗事業。從動態的觀點而言，BCG清楚指出企業沒有遠慮必有近憂，隨著產品生命週期的演化，企業絕對不能沈迷於目前的高成長，必須要培養未來成長的契機。BCG的動態如下圖7-3所示。

圖 7-3 BCG 矩陣的動態分析

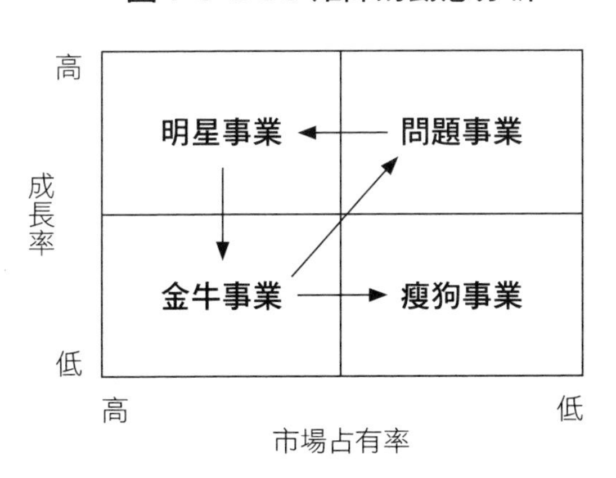

（三）執行BCG的集團策略

基本上，在執行BCG的集團策略時有三個步驟：

步驟一：將整體企業劃分成各個策略事業部（SBU）。策略事業部是一個自成體系的單位，自有行銷、生產和研發的單位，並不需要靠其它的單位支援。

步驟二：根據這些策略事業部劃出矩陣圖，由市場占有率和市場成長率來劃出BCG的矩陣。

步驟三：分配每一個策略事業部策略任務，策略事業部任務可以是成長、維持或收獲。

在成長的策略下，問題事業有機會成為未來明星事業，金牛事業只須貢獻現金流量，來輔助其他策略事業部的成長。所以BCG的分析非常簡易，只要首先確定企業、公司內的策略單位，然後根據成長率和市場占有率，分配給每一個SBU一個策略任務，每個SBU的策略任務，不外是成長、維持或收獲。然後再依據策略任務達到的比例，做為論功行賞SBU的標準。

（四）BCG的問題

BCG矩陣在1975年推出之後，即大為風行，利用BCG模式，波士頓顧問公司成為世界上數一數二的管理顧問公司。但是經過二十多年的試驗，發現BCG在理論上和實務上均產生許多問題。

問題一

在理論上而言，BCG並不符合企業追求利潤極大化的目標。舉例來說，如果在瘦狗事業部，投資一千萬可以降低成本三百萬，回收期三年，應該加以投資，可是根據BCG的分析，瘦狗事業部的策略目標是「收穫」，應該儘量搾取現金流量，公司不應該再投資瘦狗事業，這顯然和一般投資理論不合。可是波士頓顧問公司的解釋是，公司集團策略是追求成長率，股票市場會給高成長率企業更高的評價（valuation），因此公司固然錯失一些賺錢的機會，但長久而言，公司可以從股市創造股東最大財富。平實而論，公司應該追求股東權益極大化，但投資者重視的是利潤或成長率尚未有定論，而BCG分析法較適用於重視成長率的投資環境。

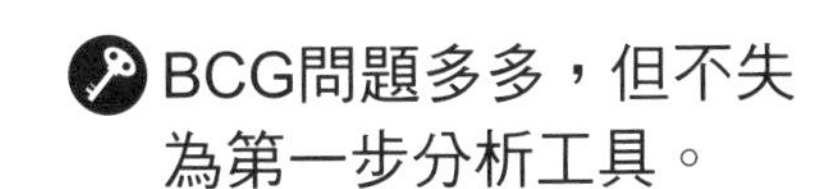

問題二

BCG的第二個問題是，市場占有率和利潤率（投資報酬率）的關係並不是非常固定，雖然有很多研究顯示，市場占有率和投資報酬率有正相關，但相關係數不高，所以並不表示企業或公司應該盲目拓展市場占有率。舉例來說，德州儀器在70年代非常相信經驗曲線的效果，因此以低價追求市場占有率，希望以低價來刺激銷路，衝出生產量後，可以實現經驗曲線的效果，降低成本。可是，成本降低的速度並趕不上價格下降的速度，因此德州儀器公司在電子錶等產品上虧損不貲，這正是BCG分析的問題所在。因此一個企業要攻占市場占有率，除了價格外，還必須考慮產品的印象、分配通路，及產品是否能提供消費者更多的附加價值等，這些因素比降低價格更為重要。

降價追求市場占有率並不是有效的策略。儘管如此，奇異（GE）也是市場占有率的信徒，奇異旗下的事業部，若不是市場上第一或第二名，奇異就認為其不值得保留，加以出售。市場占有率重不重要，端視市場占有率是不是以犧牲獲利來取得的。

問題三

BCG並不重視綜效，在BCG的分析中，假設各個事業部間沒有綜效，各個SBU之間的關係只有純粹的財務關係，而沒有產品或市場上的瓜葛。然而各個事業部間的關聯，將令各事業部無法維持策略上的獨立性。舉例而言，如果瘦狗事業部與明星事業部產品之間有綜效，公司就不應將瘦狗事業部賣掉，賣掉瘦狗事業部就喪失了原來的綜效，反而會拖累明星事業。從BCG的觀點，核心競爭力並不存在，更遑論延伸核心競爭力而創造出的綜效了。

BCG不重視綜效。

問題四

BCG分析中並未考慮以舉債的方式籌措資金，BCG所注重的是各事業群間現金流量的平衡，現金流量更全部是企業內部經營所得。事實上，現金並不一定要經由企業內部產生，公司可藉由現金增資或借款的方式來獲得資金，並不需要內部資金均衡，即使沒有金牛事業部，問題事業部也可以自股票市場或債券市場籌資，而成為明星事業部。

問題五

除此之外，BCG還有執行上的問題。通常要採行BCG時，公司必須針對各SBU進行重組，在重組的過程中，會遭遇許多組織內部的抗爭，因為沒有事業部願意被劃成瘦狗事業部。

其次，BCG清楚的表示，如果金牛事業部太多，就應該去尋找新的投資機會，可是BCG並沒有告訴廠商如何尋找新的投資機會。

第三，在執行上，BCG採取由上而下（top down）的做法。很多大公司在總管理處設立了策略規劃單位，由總管理處的策略規劃單位利用BCG規劃各個子企業的策略。這個做法實行了幾年之後就被揚棄了，因為美國的大公司逐漸體認到，策略規劃並不是在總管理處辦公室內就可以做出來的，最好的策略規劃師是子企業的總經理，因此美國企業紛紛把總管理處的策略規劃功能裁撤，而把它分到各個子企業的總經理室內去處理。而總管理處只是把各個子企業的策略規劃彙總，除此之外，總管理處的策略規劃還做前瞻研究，而這些研究都會影響到每一個子企業。研究的題目包括，中東油價的問題對於塑膠業的影響；超導體的發現對於醫療用具的影響；核能發電對各個企業的影響；東歐和蘇俄的開放對各個企業的影響等。因此各大企業的總管理處就有專人來負責研究，範疇包括世界經濟的變化對於所有企業的影響等全面性的概念，而並不是做單一子企業的策略規劃。

儘管BCG有以上的許多問題，但高度多角化、產品生命週期明顯的企業，通常還是以BCG的思維來考慮資源分配。可是企業在採用的時候，通常都把BCG的方式修改過，把綜效考慮進去，或是把外部資金的來源也納入考量，市場占有率和市場成長率不再是唯一指標。例如奇異將市場占有率改為「企業競爭力」，而市場成長率改為「產業吸引力」，根據「企業競爭力」和「產業吸引力」的高低將各SBU擺在矩陣圖上，各SBU一樣有「成長」、「維持」、「收穫」等策略目標，可是基本上還是使用經驗曲線效果、產品生命週期及企業的成長率等做為評估SBU的標準。

（五）以核心競爭力為基礎的多角化策略

BCG是以機會為主的多角化方向，例如問題事業即是代表未來成長的機會，成長率高的產業固然比較容易經營，但以機會為主的成長策略有不少缺陷。首先，新

企業的成長策略應以核心競爭力為基礎。

技術、新產品可以創造新的商機，但新技術出現時，是否是企業的機會，仍是未定之天，企業盲目搶進，風險不小，網際網路的興衰即是一例。在1995年到2000年間，網路的興起簡直熱不可擋，但穩健的企業不會盲目搶進達康（.com）事業。

其次，當機會浮現時，很多企業均會進入新的事業，當眾多企業進入相同產業時，一定開始搶奪關鍵人才、關鍵設備等，能否領先眾多競爭者搶先奪得先機，這是成功的關鍵，但奪得先機意味著風險也高，因此，以機會為主的多角化策略風險相當高。台灣過去三十年處在高度成長的經濟，採用以機會為成長的策略並不為過，但當經濟高成長不再時，就必須改採以核心競爭力為基礎的多角化策略（competency-based growth strategy）。

以核心競爭力為基礎的多角化策略，就是以延伸核心競爭力（leveraging core competency）為主的策略，日本公司的多角化策略即大多採行此種方式。佳能（Canon）憑藉著光學這項核心競

B2B（Back to Basics），企業核心競爭力最重要。

爭力，從照相機多角化到影印機事業，本田（Honda）以CVCC引擎為核心競爭力，從機車多角化到汽車，更進而跨足剪草機、發電機等事業。

從核心競爭力的觀點而言，多角化的策略當中最重要的是，企業在多角化之後能否創造出綜效，原有事業與新進入的事業能否截長補短、相輔相成？因此如美國寶鹼公司以消費品為主，並不採行跨足至工業產品的多角化策略，寶鹼公司專門只做消費性產品，而且是和化工有關的消費產品，像衛生紙、洗衣粉、清潔劑等等。

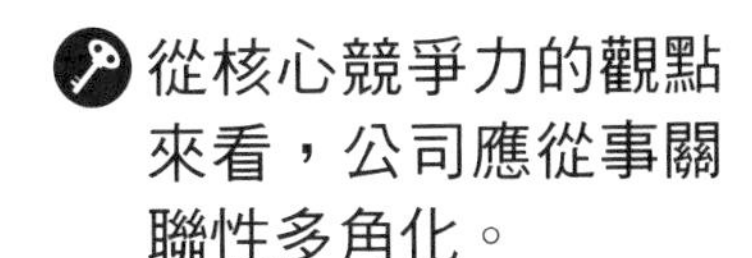

綜上所述，BCG所建議的只是在財務上各事業部間現金流量的關聯，並未考慮產品間和市場間的關聯，因此BCG分析比較適合用於成熟的產業和高度多角化的公司上，而核心競爭力比較適合用於分析單一產品的多角化，或是多角化不深的公司上。在使用BCG分析之前，必須要瞭解到BCG的假設，且考量其假設是否適合企業現有的狀況，譬如說，債務和股本的比例是否過高，如果借債比例過高，就無法從外界獲取資金，適合BCG的自有

資金的假設。其他如企業是否有明顯的產品生命週期、市場占有率和投資報酬率之關係是否穩定等，也是考量的重點如果這些假設都成立，才可使用BCG分析，且必須將BCG分析出的結果加以修改，才能成為企業多角化的準則。

六、結論

公司集團策略是由多角化策略為基礎，公司要成為大企業，一定要透過多角化方式來達成，並可利用BCG分析來決定各個事業部的策略目標，與多角化後的資源分配。多角化失敗的案例比比皆是，多角化能否成功是管理能力的指標。有效的多角化策略基本上是以核心競爭力為基礎，延伸核心競爭力到相關而成長率高的行業，再輔以「buy and build」的外部成長策略，千萬不能為多角化而多角化。

本章精論

1. 多角化是公司成長的必經之路。
2. 多角化失敗比率高。
3. 延伸核心競爭力到其他產業是多角化的主要利益。
4. 公司不可為了多角化而多角化。
5. 多角化以關聯性多角化績效較佳。
6. BCG是以機會為主的多角化策略。
7. BCG是由上而下（top-down）的策略規則。
8. BCG強調長期規劃的重要。
9. BCG問題多多，但不失為第一步分析工具。
10. BCG不重視綜效。
11. 企業的成長策略應以核心競爭力為基礎。
12. B2B（Back to Basics），企業核心競爭力最重要。
13. 從核心競爭力的觀點來看，公司應從事關聯性多角化。

重要名詞索引——英中對照

G

I

J

K

L

M

N

O

P

R

S

T

U

V

重要名詞索引——中英對照

七劃

八劃

九劃

十劃

十一劃

十二劃

十三劃

十四劃

十五劃

十六劃

MEMO